虚拟现实环境下综采工作面“三机”监测与动态规划方法

谢嘉成　著

机 械 工 业 出 版 社

本书将“虚拟现实”“互联网+”“物联网”等新一代信息网络技术综合于一体，构建真实综采工作面“三机”的实时工作运行状态的虚拟镜像，开展VR监测与动态规划方法研究，建立了一种3D全景显示、可靠性高、时效性强、画面清晰细腻的VR监测与规划系统，取得了实质性的进展和成果；革新了现有综采工作面“视频+数据”监测监控技术，克服了目前主流监控模式视频和数据分离、承载受限、整合难度大、显示效果不佳等缺陷，从技术上保证综采装备的安全运行。

本书可为数字孪生技术、煤机装备结构设计、虚拟仿真技术在工程领域的应用等提供依据和参考，可供机械、矿山、自动化、计算机、软件、航空、军事等领域从事现代机械设计、虚拟现实仿真与监测监控技术研究、人机交互设备研发的科研和工程技术人员，以及高等院校相关专业的研究生和高年级本科生使用和参考。

图书在版编目（CIP）数据

虚拟现实环境下综采工作面“三机”监测与动态规划方法/谢嘉成著.—北京：机械工业出版社，2019.10

ISBN 978-7-111-63562-8

Ⅰ.①虚… Ⅱ.①谢… Ⅲ.①综采工作面-研究 Ⅳ.①TD802

中国版本图书馆CIP数据核字（2019）第215527号

机械工业出版社（北京市百万庄大街22号 邮政编码100037）
策划编辑：张 强 责任编辑：王 良
责任校对：李 伟
北京宝昌彩色印刷有限公司印刷
2019年12月第1版第1次印刷
170mm×240mm ·11印张·250千字
标准书号：ISBN 978-7-111-63562-8
定价：55.00元

电话服务	网络服务
客服电话：010-88361066	机 工 官 网：www.cmpbook.com
010-88379833	机 工 官 博：weibo.com/cmp1952
010-68326294	金 书 网：www.golden-book.com
封底无防伪标均为盗版	机工教育服务网：www.cmpedu.com

前　言

随着“互联网+”和“中国制造2025”战略的持续推进，虚拟现实技术与煤炭智能绿色开采进入深度融合阶段，“精准”开采、“透明”开采，全方位、全时空、智能化监控研究走向前台。为克服目前主流监控模式视频和数据分离、承载受限、整合难度大、显示效果不佳等缺陷，以及为获得井下综采机组实时运行的精确信息，提升远程操作效率和精度，本书从机械现代设计理论与方法、虚拟现实仿真和实时信息传感技术的角度结合综采工作面装备的工作和运行特点，进行“虚拟现实”“互联网+”“物联网”等新一代信息网络技术与综采装备深度融合的研究。在虚拟现实环境下，以综采工作面“三机”装备——采煤机、刮板输送机和液压支架为研究对象，构建真实“三机”的实时工作运行状态的虚拟镜像，开展VR监测与动态规划方法研究，试图建立一种3D全景显示、可靠性高、时效性强、画面清晰细腻的VR监测与规划系统，从技术上保证综采装备的安全运行，革新现有综采工作面“视频+数据”监测监控手段。

全书共分6章。第1章从总体上介绍本书研究背景、目的与意义，概述了综采工作面“三机”工况监测理论与方法、VR场景仿真、VR监测与“三机”VR规划方法，从而引出现在研究中存在的问题和不足，最后对本书的研究内容进行了总结和概述。

第2章针对综采工作面“三机”中的单机进行工况监测与虚拟仿真方法的研究。针对采煤机、刮板输送机和液压支架单机，利用建立的物理信息传感体系，找到了单机工况监测方法。接着在Unity3D环境下，进行与实际“三机”完全一致的虚拟“三机”的单机虚拟仿真方法的研究，包括液压支架部件无缝联动方法以及虚拟手人机交互模式、刮板输送机的虚拟弯曲技术和采煤机虚拟记忆截割方法。

第3章对综采工作面“三机”在井下实际工况条件之间的约束连接关系进行研究，进而对其复合姿态行为进行研究，其中包括理想底板平整情况下的“三机”虚拟协同技术，采煤机和不同环境下刮板输送机的耦合关系-采煤机和刮板输送机弯曲段进刀下的姿态行为耦合，复杂工况下采煤机和刮板输送机联合定位定姿方法以及群液压支架之间的相互影响关系-群液压支架记忆姿态监测方法。

第4章对VR环境下综采工作面“三机”工况监测系统进行介绍。首先对

“Digital Twin”思想与综采工作面装备融合进行分析，接着对系统进行总体设计，对基于Unity3D的VR监测方法中的变量预留、虚拟接口等六大关键技术和基于LAN的VR监测与实时同步方法进行研究，为VR监测提供软件技术支撑，最后对原型系统进行设计与介绍。

第5章从人工智能与VR仿真的角度，基于综采“三机”协同数学模型和MAS理论，在Unity3D仿真引擎下，提出了一种基于MAS的VR协同规划方法，并建立原型系统（FMUnitySim）。可对“三机”关键参数进行在线规划与调控，为综采工作面的快速规划与安全生产提供了理论基础。

第6章对VR环境下综采工作面“三机”监测与规划系统进行试验。首先对整个煤矿综采装备成套试验系统与基于此缩小版的样机试验系统进行介绍，接着分别进行单机监测方法试验、VR+LAN“三机”监测系统与方法和“三机”VR规划系统进行试验。

除第1章外，其余各章研究内容相互联系，并层层递进。全书结构紧凑，内在逻辑清晰，文字简洁明快。

本书所有章节均为作者独立完成，同时本书的编写得到了“中国博士后科学基金资助项目（2019M651081）”、“十二五”山西省科技重大专项“采掘运装备数字化集成设计技术与系统（20111101040）”、山西省科技基础条件平台建设项目“煤矿机械装备虚拟拆装公共服务创新平台（2014091016）”和山西省留学人员科技活动项目择优资助－重点项目“煤矿煤机装备虚拟现实场景交互与装配仿真应用系统研究（2016）”等项目的资助。

由于作者水平有限，书中难免存在疏漏之处，欢迎广大读者提出宝贵意见。

作　者

2019.4

目　录

第1章 绪　论

1.1 引言

煤炭是我国的主体能源和重要的工业原料。我国缺油少气富煤的能源资源禀赋以及煤炭资源的可靠性、价格的低廉性、利用的可洁净性，决定了在今后较长时期内，煤炭仍然是保障我国能源安全稳定供应的基石，同时“煤为基础，多元发展”的能源战略方针和以煤炭为主体的一次能源格局不会改变，做好煤炭这篇大文章是保障我国能源安全稳定供应的必然选择。推动煤炭智能绿色开采与生态建设是做好煤炭这篇大文章的必由之路，不仅关系煤炭工业可持续发展，也关系加快生态文明和美丽矿山建设全局。

煤炭工业安全、健康可持续发展离不开煤矿自动化与信息化。研究智能采煤、智能运输、煤矿大数据、煤矿物联网、矿用机器视觉、5G矿井移动通信、矿用机器人与救灾机器人自动导航等技术是实现煤矿自动化和信息化的关键。

全面及时掌握综采工作面机电装备的运行状态，实现稳定可靠的远程监测甚至远程交互控制，是煤炭生产由简单机械化向人工智能自动化转变的关键和急迫所需。特别是“中国制造2025”和“互联网+”战略持续推进和纵深拓展，呈现出煤矿综采成套装备不断向自动化、智能化、无人化发展的新趋势，促进了现代设计理念与设计技术、虚拟现实（VR）等新技术在煤炭生产和煤机装备制造等行业的推广应用；加快了传统产业和产品的技术改造步伐，大幅提升了安全监测水平，极大减少了伤亡事故的发生，因而具有极其重要的意义。

综采工作面自动化的关键就是对煤矿综采关键设备也就是综采工作面“三机”（采煤机、刮板输送机、液压支架）运行进行可靠的远程监测和控制。

传统的煤矿井下监测系统缺点很明显，一是传输的数据量大，二是摄像头监测的位置固定和角度有限，三是在复杂恶劣的井下工作环境中显示效果很不理想，操作人员既没有现场感，也缺乏真实感，当然离真正的远程控制更远。

20世纪末VR技术兴起，其发展迅速，应用领域不断扩展，创新成果日新月异，我国将VR技术列入“十三五”信息化规划等多项重大战略中，指明了VR技术的发展方向。在行业应用方面，“中国制造2025”重点领域技术路线图将VR技术列为智能制造核心信息设备的关键技术之一，“VR+工业”有助于加速数字孪生的落地实现。

因此，将VR技术应用于综采装备监测监控领域，对其进行实时可靠、形象直观、带预操作的远程监测和控制，不仅可及时掌控综采装备的准确运行状态，还可预测其位姿变化，从而对其进行故障预测。适时调整运行参数，必要时发挥人的能动性，进行人工远程干预，实现临场式的远程控制与调度，对提高生产效率、消除事故隐患、减少工人数量和降低事故发生，有着极其重要的保障作用，是实现综采自动化和煤矿高产、高效、安全生产的最有效手段。

1.2 研究背景、目的与意义

1.2.1 研究背景

当前综采装备的主流监控模式依旧是在传统监控模式上局部数据化的小改小革，不能与现代智能监控系统实现无缝衔接和信息融合，严重影响了智能化开采的应用和效率，因此必须对其进行革命性研发。

传统主流监控模式主要是通过井下设备列车或地面调度指挥中心的监控主机、操作台及视频系统进行远程起停控制、自动化生产控制以及人工远程干预。采用特定位置的摄像头或者云台摄像机对工作面进行视频采集，然后传输到控制中心的显示大屏，再通过6个甚至更多的分屏进行显示，操作人员需要不停地进行观察、切换和研判，不仅烦琐且效率低下。传统主流监控模式存在以下缺点和不足：

（1）因工作面粉尘、水汽弥漫等导致采集的视频效果差。

（2）摄像头专人维护频率高、成本大、不安全。

（3）传输延时较长，稳定性差，显示效果不佳。

（4）视频与监测数据无法充分融合，运行细节呈现不足，时空一体所见即所得的同步效应不能发挥。

特别是现有的视频追踪、接力和拼接技术方法不够成熟完善，无法全景式展示整个工作面运行工况，极易造成操作员关注点过多、注意力不集中、发现问题迟滞和应急处理不及时等问题，进而导致工作面停机或者设备损毁等严重后果。因此，利用VR技术及时开展智能化监测监控研究急迫而必要。

1.2.2 研究目的

取代综采设备传统监控技术实现全新的高效智能监控开发，有效推进智能化开采，是科技发展特别是VR技术发展的优势和必然，主要体现在以下几方面：

（1）实现“三机”远程实时控制的需要

远程实时控制的基础是精确数据、可靠画面和操作指令的快速到位，当前“三机”远程监控系统中，恰恰在这些方面存在着明显的不足与缺陷，也决定了远程实时控制难以达到满意的效果，必须尽快加以改进。

（2）有效提升操作效率和精度的需要

效率和精度取决于设备、环境和视角等综合因素。井下摄像机受综采工作面粉尘、水汽和环境亮度影响，质量较差。井下摄像机位置固定，即使可自动旋转视角，依旧不能满足远程操作和干预的要求，会直接影响到“三机”控制系统的操作效率和精度。

（3）确定设备运行精确信息的需要

采煤机移动时，不能得到自身在环境中的完整信息；液压支架不能观察全景的动作，看不到顶梁、底座在煤层底板上的位置信息；安装在液压支架上的传感器会随着液压支架的动作而动作，画面不流畅；刮板输送机的弯曲情况难以准确分辨和真实反映等，为综采安全高效生产埋下安全隐患。

VR技术正是以自身优势克服综采设备传统监控技术缺陷的最好选择，可以构建一个类似于真实综采工作面的三维场景、作业过程以及综采设备的运行态势。用实时运行数据驱动VR综采场景，即可对综采工作面“三机”的动态配套关系、姿态和性能等运行状况进行准确呈现。操作人员可与该系统进行人机交互，在任意时刻穿越任何空间进入系统模拟的任何区域观察设备运行工况。底层嵌入综采数学运行预测模型，三维模型与实时在线数据进行充分智能融合，即可对实时数据进行运算。当工作面某个部位出现异常时，三维画面中相对应部位就会迅速出现提醒并快速发出报警信号，可第一时间发现并及时处置。比如操作员接收到三维虚拟画面的提醒和警报时，可直观查看工作面设备是否偏离原有轨迹或工作面变化情况，并快速对偏离的设备进行单独操作，使其恢复到正常位置。

综上所述，将VR技术应用到综采远程监测监控系统中，形成可交互的人-机界面和接口，对于实现综采远程监控系统的“遥看、遥控、遥现”具有重要的意义。

本项目研发的“VR 环境下综采工作面监测与规划系统”具有更直观、更可靠的监测效果，可以克服现有监控模式的下列不足：

（1）没有全景工作面。现有监控模式虽然界面众多，但没有一个能够整体反映工作面运行状况的技术手段。视频追踪、接力和拼接技术先天不足，图像失真严重等。

（2）观察效果不佳。每当采煤机截割通过时，现场灰尘浓度急剧升高，水汽弥漫，镜头一片模糊，几乎无法分辨。

（3）传输效果不稳定。高清视频占用带宽大，在传输速率和视频质量上，两者兼顾难度很大。

（4）维护频次多困难大。摄像头需专人定期进行擦拭维护，频率高，工作量大，清洗时行动难度大，危险性高。

（5）各类数据间不能进行相应的融合处理，没有数据库纵向资料的对比评测，对有可能发生的故障无法实施提前预判。

表 1-1 为本 VR 监测系统与现在广为应用的“数据 + 视频”监控模式的特点对比。可以看出，VR 监测有明显的优势，在前期的运行中，可以在顺槽集中控制中心旁边加装 VR 监测主机，作为井下综采装备运行数据监测与视频监控系统的辅助手段。在经过一段时间测试达到理想效果后，可以去除部分视频监控，独立进行虚拟监测。

表 1-1　VR 监测系统与设备数据 + 视频监控模式的特点对比

	设备数据 + 视频监控	VR 监测
全景问题	能看到单个的或者局部的界面	能够反映出整体运行工况
清晰度	受灰尘水汽影响，效果较差	效果不受影响
维护性	专人定期擦拭摄像头，会造成危险	不需要维护
传输效果	断断续续、有延迟	影响很小
是否延迟	有较大延迟	数据传输带宽小、稳定可靠

1.2.3　研究意义

全景综采 VR 监测系统应用 VR 技术、物联网技术、传感器技术和信息融合技术等前沿科技，可从技术上保证综采设备的安全运行，也可极大提升综采运行管理信息化水平，为综采自动化、智能化、无人化开辟了一条全新思路和可行的路径，有着巨大的科技、经济和社会效益。

全景综采 VR 监测系统在克服目前主流监控系统的缺陷和不足之外，还可解决监控过程中过于依赖操作人员经验而造成的迟缓操作、失误操作或者错误操作等问题，大幅减少综采设备运行中的不良状态，提高设备运行的可靠性，实现少故障、少停机，从而提高设备寿命。同时有利于综采信息化、智能化水平的提高，并可与人员定位系统集成。

全景综采 VR 监测系统在发挥其自身可靠性、直观性、即时性优势的同时，还可与实时数据充分融合，能够从全局视角观察和监测整个工作面的实时运行状态，发现工作面一线工人、集控中心操作人员和远程调度室人员发现不了的一些隐性问题，帮助运行部门及早排除隐患和故障，提高综采设备运行的安全性。

本书建立的 VR 规划方法，还可快速解决综采装备选型过程中周期长、难度大的问题，可快速选择配套装备，以及对预选装备方案进行预演与规划，提前发现运行中可能出现的各种问题，在众多方案中优中选优。借助运动规划，亦可在 VR 环境下快速预演“三机”动作轨迹、动作顺序，实现虚拟设备操作及作业过程全程模拟，做到过程拟实性及运动可视化，最终真实再现整个作业过程，达到快速选型、亲历体验、模拟运行和互动感受等多途通一的目的。

本书研究的最大意义在于为智能开采及智能化装备制造提供了全新思路和重要借鉴。

1.3 国内外研究动态

1.3.1 综采工作面“三机”工况监测方法

1.3.1.1 采煤机定位定姿方法

（1）采煤机状态信息采集与监测方法

对于采煤机状态信息采集与监测方法的研究，久益公司的 JNA 顺槽系统（JOS）实现了综采各种设备的自动化控制与实时数据的采集上传。德国 Eickhoff 公司的 IPC 控制系统实现了采煤机状态信息的采集、处理和储存，以文字、数据、曲线、图形等多种方式显示采煤机运行状态，并通过监测网络远程传输至顺槽和地面。

而在国内，煤矿井下综采工作面普遍使用电牵引采煤机自身携带的 PLC 显示器来监视采煤机运行时的电流、电压、速度、温度和故障显示等内部参数，操作人员在现场进行操作，上位机监控画面不直观，给采煤机的故障分析和统筹管理带来不便。

（2）采煤机定位方法

国内外对于采煤机定位的研究，传统方法主要有齿轮计数法、红外对射法以及超声波反射法，目前已经广泛应用到实际生产中，但是这些方法都有累计误差、无法连续监测等缺点。

惯性导航系统 INS（Inertial Navigation System）是一种自主式导航系统，具有数据更新率高、数据全面以及短时定位精度高等优点。澳大利亚学者将惯性导航系统用于运载体定位，并在 South Bulga 煤矿井下进行了试验并取得了成功；Sammarco 通过分析房柱式煤炭开采特点，利用惯性导航对采煤机进行定位，并进行了软硬件的开发测试；Hainsworth 和 Reid 等人对惯性导航下综采装备位置跟踪及 VR 技术进行了研究；Schnakenberg 提出了基于惯性导航对井下工作面采矿机群定位的方法，并进行了相关试验。

捷联惯性导航系统 SINS（Strapdown Inertial Navigation System）比惯性导航系统更为优化，成本更低，但与惯性导航系统有着同样的缺陷。其在采煤机定位应用方面的最大缺点是因井下巷道距离过短而会出现一些误差，需要通过计算来逐步消除误差。澳大利亚联邦科学与工业研究组织（CSIRO）联合 JOY 和 Eickhoff 等公司着手将捷联惯性导航系统应用于采煤机的三维定位定向中。

关于采煤机定位主要存在的问题是，采煤机定位方法如果使用单一的定位方式总会或多或少地产生一定的误差，因此，如何将多种定位方法组合使用，通过传感器之间的相互组合减少误差，提高精度是下一步亟待解决的问题。

安美珍提出了采用编码器和倾角传感器组合技术。徐志鹏通过建立采煤机工作面的三维空间坐标系，利用“三机”传感信息的融合对采煤机的机身位置和姿态进行定位，同时提出了“三机定位”和“动静融合”策略来实现采煤机的机身定位。吕振等研究了基于捷联惯性导航系统的井下人员精确定位系统，提出利用卡尔曼滤波算法对姿态信息进行最优估计。无线传感器网络 WSN（Wireless Sensor Network）因其无线、智能化、网络化等特点，十分适宜应用于地下矿井之中，因此众多学者尝试将 SINS 与轴编码器、WSN、红外摄像机、GIS（Geographic Information System）等组合起来对采煤机进行准确定位，取得了很多研究进展，但各种方法基本都仍然停留在理论状态，没有真正的进行试验。

（3）采煤机姿态监测方法

现在一些综采工作面通过采煤机的倾角来检测地形的变化和起伏范围，在记忆截割中利用实时获取的采煤机横向倾角和纵向倾角数据来对记忆截割高度数据进行补偿。但是采煤机机身倾角是前后两个支撑滑靴（导向滑靴）之间的起伏情况，这之间的距离往往有 4 到 6 个中部槽的长度，有可能就会忽略滑靴之间的煤层形状变化，表现出对地形变化的“不敏感性”，因此这种方式是不可靠的。

而在一般情况下，沿着工作面方向的顶底板高度变化缓慢，只有出现断层时才会发生突变。无论哪种情况出现，在工作面同一采样点上，相邻的截割工作循环之间，底板的变化一般不太明显。然而，顶底板渐进变化的积累，相邻截割工作循环采煤机位置定位的误差，以及采煤机姿态渐进变化的积累等因素对采煤机姿态监测与记忆截割均产生了影响。

因此，刘春生等建立了煤岩顶底板的数字化模型，前提条件是在相邻两个采样点，采煤机前后两个支撑滑靴支撑点处在同一倾斜线上，即下一采样点的滑靴支撑点处在前一采样点时的采煤机的倾斜线上。苏小立建立了采煤机仿形截割的数学模型及方法，葛兆亮提出了基于三维精细化地质模型的采煤机自适应通过断层和褶皱等复杂地形构造的方法。冯帅建立了采煤机的刚体运动学模型和底板曲线的获取方法，通过实时动态校正策略实现了工作面底板曲线的修正。

1.3.1.2 液压支架监测

液压支架作为煤矿井下综采工作面的关键支护设备，其运行状态（包括支撑压力和姿态等）直接影响到整个工作面能否能以安全高效的方式进行开采和工作，因此及时掌握液压支架的姿态是至关重要的。在实际的工作面，液压支架的数量在百架以上，尽管每台支架独立运行，但所有看似分离的个体在某种运行规律的控制下共同完成顶板支护任务，因此在监测过程中需要从整体的角度对液压支架进行监测。

液压支架的监测主要集中在压力监测和姿态监测等方面。目前，针对液压支架姿态监测的方法主要是对单台液压支架姿态关键参数的监测。

2011 年，闫海峰建立了液压支架主体机构的 2 自由度运动学正逆解数学模型，实现了立柱和平衡千斤顶双驱动元件的液压支架运动位姿动态求解。

2012 年，朱殿瑞等分析了液压支架使用过程中可能出现的各种姿态，建立了支架运动学模型，并计算出支架各部件关键点处的空间位置。

2012 年，于月森发明了一种基于多传感器数据融合的液压支架姿态检测装置，可以实时对压力、位移和倾角等信息进行采集，并对所采集信息进行数据融合，准确获得支架的姿态信息。

2015 年，文治国通过在液压支架上合理布置倾角传感器，对两柱掩护式液压支架姿态监测进行研究，建立了支架三维杆系模型，推导出支架在任意姿态下各关键参数的姿态算法。

2016 年，陈冬方针对综采工作面采煤高度测量问题，研究了一种利用液压支架角度传感器测量采煤高度的方法，设计了由 4 个双轴倾角传感器组合的测高系统，取得了比较好的效果。

通过以上分析总结，可知对液压支架姿态监测的一般流程为在液压支架合理位置安装传感器，通过无线或有线网络将采集的数据传回到上位机，通过实时判断数据是否在设定的合理阈值范围之内，来判定其工作是否正常，并在监测软件的画面中建立适当的曲线和报警报表等。

通过对目前研究进行总结发现，现在的监测较少进行数据处理和分析，更没有从深层次对历史数据进行挖掘，从而对支架状态进行判断。而且现在的研究还没有考虑整个液压支架各个循环之间以及采煤高度和液压支架支撑状态之间存在的内在联系，所以在整个监测过程中仍存在较大漏洞。在监测维数方面，仍然是以组态软件的二维监测画面为主的传统监测，观测方法不直观，不能够形象生动地表现出液压支架的实际工作状态。尽管有一些学者利用 VR 技术进行 3D 监测尝试，但是也仅仅停留在理论层面，没有进行长期试验验证，正确性有待商榷。

1.3.1.3 刮板输送机监测

（1）刮板输送机姿态监测

关于刮板输送机姿态监测方面的研究，姜文峰、李首滨等设计了一种基于无线三维陀螺仪技术的刮板运输机姿态控制系统和控制方法，实现了刮板运输机的姿态监测。武培林利用刮板输送机每节中部槽侧板的倾角传感器和电位器来获得准确的工作面底板的状态变化趋势。

（2）刮板输送机弯曲段监测研究现状

刮板输送机弯曲段的长度和角度是由每一段溜槽相对应的液压支架的推移液压缸的伸缩长度决定的，直接影响着采煤机进刀的运动轨迹，进而也直接决定了采煤机运行的平稳性和可靠性。通常对刮板输送机的研究基本都是在未弯曲状态下进行链轮与链条的啮合以及动力学和摩擦磨损等方面的研究，针对弯曲段的研究集中在采用假设弯曲段形态的前提下进行分析，而对刮板输送机弯曲段实际姿态的精确求解研究较少。

中国矿业大学提出了基于采煤机运动轨迹的刮板输送机布置形态检测，利用对采煤机的精确定位去反推刮板输送机的直线度等，取得了良好的理论效果。

1.3.2 综采工作面“三机”VR 场景仿真

VR 技术由于其直观性、沉浸性以及交互性等特点，已经广泛应用于煤矿培训教学领域，取得了很大的应用价值。

Tichon、Pedram 和 Perez 将 VR 技术应用于矿工安全培训演练，有效提升了矿工的安全意识水平。Kerridge、Kizil 和 Bruzzone 等建立了一个可用于评估的框架，通过 VR 技术来对井下风险进行分析和评估。Foster 和 Burton 等进行了井下矿工交互沉浸式模拟操作训练的研究，借助头戴式显示器（HMD）等交互手段，对井下连续采煤机和钻孔机分别进行远程操作训练。Stothard 设计了基于 VR 技术的煤炭行业培训模拟器，可以让矿工体验决策失误的后果，让他们从错误中吸取教训。Stothard 提出了基于 VR 技术的采矿模拟器分类法。张守祥利用 VR + AR 技术对综采工作面图像与虚拟场景进行融合，合成动态图像，效果接近真实。

Akkoyun 等基于完整的仿真数据，建立了一个交互式的采矿工程相关专业教与学的可视化环境，去展示露天菱镁矿的生产工艺和条件。Zhang、Wan、Zhang X 和 Li 等在 VR 环境下建立采煤机、刮板输送机和液压支架的虚拟样机，对综采工作面的采煤工艺和设备运动学进行模拟和研究，主要应用于培训和教学。Torano 运用模糊逻辑、神经网络和三维（3D）有限元计算建立了模拟长臂采煤顶板的行为，并通过 VRML 语言实现了整个长臂采煤工作面的三维显示。孙海波建立了采煤机 3D-VR 数字化信息平台，对落煤、滚筒调高、旋转等动作进行模拟。Wan、Tang 和 Li 也分别从煤岩垮落和监测的角度对综采工作面进行了研究。李旺年和徐雪战建立了简单的交互 GUI 界面，对综采工艺进行模拟。

目前，实现综采工作面 VR 仿真的方法大都是基于以 Unity3D、Quest3D 和 OSG 为代表的 VR 仿真开发引擎，再结合 UG、Pro/E 和 3D MAX 等三维建模软件，进行虚拟设备运动编程和 GUI 界面的设计，进而对虚拟模型进行交互控制，实现综采工作面的虚拟仿真，进而进行培训与教学方面的应用。

1.3.3　综采工作面“三机”VR 监测

VR 技术已经在煤矿领域的培训教育等方面取得了很多成果，近年来，逐渐有部分学者将 VR 技术应用于综采监测领域，对综采装备进行实时可靠、形象直观、带预操作的远程监测和控制，不仅可及时掌控综采装备的准确运行状态，还可预测其位姿、状态，从而对其进行故障预判，适时调整运行参数，进行必要的人工远程干预，实现临场式的远程控制与调度。目前针对综采装备 VR 监测运用的技术手段，主要是基于 Virtools、EON 和 Unity3D 等 VR 平台进行的设计、整合和创新研究。

（1）基于 Virtools 平台及方法

Virtools 软件允许用户通过行为模块的编辑，快速简单地编制 3D 交互的应用程序，在国内，最早进行的综采工作面 VR 监测的研究主要利用的就是这个软件。表 1-2 是 Virtools 在国内 VR 监测方面的研究动态，分别从监测对象、信号采集与传输方法、数据库、关键技术及方法、实现功能、是否进行实验等 6 个方面进行对比。

由表 1-2 可知，基于 Virtools 平台的综采工作面 VR 监测的研究主要集中在

2010年左右，由于该软件界面亲和以及易于入手，受到了很多学者的青睐。但是，其监测对象主要是针对采煤机或液压支架单机，没有针对整个“三机”装备进行监测的功能，基本上是利用 Virtools 和 SQL Server 现成的接口进行连接，加上监测所采用的传感器接口数量较少，大部分使用者都是对综采 VR 监测技术进行理论探索，并未进入工业试验阶段。

表 1-2　Virtools 软件综采 VR 监测研究动态及相关指标

日期及研究者	对象	信号采集及传输方法	数据库	关键技术及方法	实现功能（研究成果）	是否实验
2011.6 孙海波	采煤机	采煤机机载数据采集器；井下工业以太网	SQL Server	WinCC 组态控制技术；数据更新	采煤机综采 VR 场景的建立、模型的优化与简化等	实验室
2010.6 刘军等	采煤机	采煤机上的传感器（位移、倾角、加速度）；OPC Server 接口	SQL Server	WinCC 组态控制技术；冗余模式；信息融合技术	在采煤机上实验，现场工况监视区根据返回的传感器的数据包驱动 3D 模型，真实再现	井下
2011.5 徐志鹏等	采煤机	数据采集处理模块（各类传感器）多冗余无线传输；光纤传输	SQL Server	多传感信息融合技术 多冗余的无线网络系统	保留本地操作与红外遥控功能；实现远程状态监视、故障报警、远程控制	平煤二矿
2011.4 闫海峰等	液压支架	压力、接近、位移、倾角等传感器；OPC Server 接口、1000M 光纤环网、MESH 交换网	SQL Server	自组织无线 MESH 网和 1000M 光纤环网冗余通信网络	提出了监控系统逻辑分层结构；初步实现姿态虚拟显示、支护性评估、故障预测	实验室
2014.5 李锦彪等	液压支架	位移、倾角传感器；A/D 转换专用单片机、交换机、路由器等	无	利用 Building Blocks 进行编程整合数据与模型	实现模型与数据整合，实现液压支架可视化	实验室

由于 Virtool 软件网络功能受限，且多年前就停止更新升级，技术逐步落后，仅仅适用于 win7 及以下版本平台，无法跟上 VR 技术的进步和发展，因此逐渐被淘汰。

（2）基于 EON 平台及方法

EON 软件提供了一套全新的性能非常优异的模块模组，实现了工业级别的 VR 设计。表 1-3 是 EON 软件在国内 VR 监测方面的研究动态及相关指标对比统计表。

表1-3　EON软件综采VR监测研究动态及相关指标对比

日期及研究者	对象	信号采集及传输方法	数据库	关键技术及方法	实现功能（研究成果）	是否实验
2012.10 张文磊等	液压支架	位移、倾角传感器；研华数据采集模块DAM-6017、工业以太网	无	程序中采用Timer控件进行数据循环采集(500ms)	讨论了VB6.0与EON的通信机制和EONX控件的外部控制方式	实验室进行
2013.8 朱杰等	液压支架	位移、倾角传感器；研华数据采集模块DAM-6017、工业以太网	无	ADAM-6000型Ethernet I/O模块、Web服务器内置	从数据采集及可视化界面集成角度阐述软件系统总成	实验室进行
2013.11 陈占营等	液压支架	位移、倾角传感器；研华数据采集模块DAM-6017、工业以太网	无	利用EON中的EventIn节点和Javascript	手动输入状态参数、进行工人培训；采集数据驱动模型进行监测	未知
2015.9 陈占营等	液压支架	位移、倾角传感器；研华数据采集模块DAM-6017、研华KI-6311GN、无线工业AP	无	改进遗传算法；基于包装盒法的碰撞检测研究	实现对液压支架的位姿预测；为实现煤矿综采工作面液压支架的远程监测和远程操控奠定了基础	实验室进行

由表1-3可知，由于EON软件进行综采VR监测的研究主要集中在Virtools软件逐渐被淘汰之后，操作上方法相近，上手很快，一时成了很多学者研究使用的热门软件。但是，其局限性也很明显，监测对象主要是针对液压支架，同样没有针对整个“三机”装备进行监测的功能。EON软件和SQL Server等数据库连接较为不便，无法进行数据保存，尤其在组织大型场景制作上存在严重缺陷，因此无法运用于综采工作面这种大型复杂场景的VR监测研究。

（3）基于Unity3D平台及方法

Unity3D是一个专业的VR仿真引擎，将其引入到煤矿领域对提高煤矿自动化和可视化有重要意义。

2013年8月，闫海艇等进行了基于Unity3D平台的井下仿真应用研究，用于培训井下工作人员安全生产知识技能。2016年，安葳鹏也进行了相关研究，重点介绍了声音字幕技术、考核系统设计、系统交互接口设计等关键技术。2014年5月，李阿乐等进行了基于Unity3D平台的液压支架运动仿真系统研究，实现了液压支架整体三维建模和运动仿真。同年7月，翟冬寒等对基于Unity3D平台的综采工作面仿真系统进行研究。2015年9月，李阿乐等建立了液压支架的运动关系以及人机交互设计界面，使模型具备位姿状态参数驱动的功能。

而在前期综采工作面虚拟仿真技术研究的基础上，Unity3D软件逐渐成为VR

监测研究的主流应用平台。Unity3D 软件综采 VR 监测研究动态及相关指标对比见表 1-4。

表 1-4　Unity3D 软件综采 VR 监测研究动态及相关指标对比

日期及研究者	对象	信号采集及传输方法	数据库	关键技术及方法	实现功能（研究成果）	是否实验
2014. 3 崔科飞等	液压支架	倾角、位移、压力、红外传感器；ZE0701 型控制器、工业以太网	无	双路 CAN 数据帧通信；报文传输优先级	虚拟仿真技术方案架构、关键设备和相关协议、实现原理与方法	井下
2016. 4 李昊等	三机	立柱压力、推移行程等；CAN 总线及 TCP/IP 协议	无	实时数据处理技术、程序组态化结构、LOD 技术	实时监控、反向操作、预警及故障报警和数据回放功能。与视频、组态软件监测相结合的监测模式	理论探索
2016. 8 李阿乐等	三机	位移、倾角传感器；研华无线数据采集模块、工业级无线	Access	A/D 信号转换；C # . NET ADO 技术	模型与真实设备的运动状态实时同步；详细介绍了整个监测系统	理论探索

正是基于 Unity3D 软件在 VR 监测方面研究的优越性，虚拟技术逐渐从单机研究过渡到对“三机”进行协同监测和研究阶段，实现了数据与虚拟状态同步、数据库连接与读取顺畅，但该项研究目前也仅仅处在初始阶段，并未考虑实际工况下的“三机”工况监测的特殊性与复杂性，因而其理想状态、理论色彩较浓。

（4）其他方法

除了 Virtools、EON 和 Unity3D 软件外，有部分学者尝试利用其他软件进行综采 VR 监测的探索，比如 Quest3D 和 WPF 等软件，表 1-5 是这些软件在综采 VR 监测领域所开展研究情况的对比。

表 1-5　其他 VR 软件综采 VR 监测研究动态及相关指标对比

日期及研究者	对象	VR 开发工具	信号采集及传输方法	数据库	关键技术及方法	实现功能（研究成果）	是否实验
2015. 11 吴海雁等	采煤机	Quest3D C ++ 编程	位姿与工况传感器；PLC 模拟量模块；SC- 09 编程通信电缆	SQL Server	PLC 系统对数据采集、分析、预处理并传输	监控系统的软硬件平台及其构建方法；控制指令与工作状态实时显示在监测画面中	实验室
2017. 02 张登攀等	三机	WPF 技术	单片机、传感器接口、光电隔离和通信模块、数据耦合模块	数据服务器	WPF 技术；三维构型同步耦合数据通信方法	操作响应、数据驱动模块；模型驱动、数据采集与通信、虚拟仪器控件库	无

通过对几大主流 VR 引擎的比较，以及考虑到整个综采工作面场景的复杂性，可以看出 Unity3D 软件的综合优势比较明显，原因如下：

（1）从功能考虑，Unity3D 的开发语言是 C#，相对于 Virtools 软件的那种模块化的语言，开发利用较为灵活，即使对一些功能比较复杂的产品也易于编写和呈现。

（2）从渲染效果考虑，Unity3D 的渲染效果比前几种软件都要令人满意。AAA 级的渲染品质，实时光照渲染和光影烘焙技术，多通道渲染和材质混合技术，丰富的粒子特效等，足够满足 VR 监测的视觉品质需求。

（3）从技术实现路径上考虑，Unity3D 交互的图形化开发环境有助于将开发者的设计理念进行快速开发和三维展示。

（4）与数据库交互的建立便捷而快速，当频繁调用数据时，Unity3D 能够很出色地调用数据库中的信息记录数据。

（5）具有很强的可拓展性和升级支持。Unity3D 引擎的一键式跨平台部署是目前任何一款引擎所无法相比的，只需在发布设置中选择一种平台就能轻易将系统发布到 Web、Ios、Android、Mac、Windows 等平台上，十分简便和快捷。

1.3.4 综采工作面“三机”VR 规划

由于“三机”协调控制程序存在参数设置的静态性和单一性，程序、流程及参数的静态化与单一化的缺点，不能适应复杂多变的工作面环境且易出现未知的错误和问题，因而综采成套智能协同控制暂时还无法成为我国矿井开采运行的主流生产模式。为了让“三机”在动态变化的井下环境中可以自适的动态运行，需要具备“生命体”、自我感知、自我决策、自我适应的能力，因此葛世荣教授提出的“采矿机器人”的概念，将成为未来煤炭无人开采的主流研究方向。

中国矿业大学的樊启高将 MAS（Multi-Agent-System）引进综采工作面“三机”领域，建立了“三机”任务规划模型，利用 GPGP（Generalized Partial Global Planning）理论对“三机”进行仿真，但其模型比较单一，考虑的因素也较为理想，并未达到预期效果。

近年来，VR 技术飞速发展，如果把 VR 技术与规划技术有效结合起来并动态化、可视化整个规划过程，那将在煤炭综合开采领域展现出巨大的应用潜力。目前流行的 VR 软件主要有 OpenGL、Unreal 和 Unity3D 等，它们可以帮助建立 OpenSim，V-REP Delta3D，USARDim 和 Gazebo 等仿真环境并最终用于协同规划。其中的 Unity3D 软件由于具有可视化界面、多平台发布性、屏蔽底层代码等优点，受到了越来越多学者的关注。

Wonsil Lee 等在 Unity3D 中利用 Agent 理论建立了一个房间内物联网仿真环境，并通过添加虚拟传感器，对人和室内环境交互进行仿真；Christian Becker-Asano 在 Unity3D 中利用 MAS 理论建立了一个三维可视化的飞机内乘客行为感知与路径仿真环境。Hu 等基于 Unity3D 建立了一个实时的 3D 多飞机路径规划仿真系统，并提出了虚拟环境与雷达等实际传感器进行耦合的解决方案，可以可视化地操纵飞机并验证路径规划算法。

在“工业 4.0”中，数字孪生模型（Digital Twin）指的是以数字化方式复制一个物理对象，模拟对象在现实环境中的行为，实现整个过程的虚拟化和数字化，从而解决过去的问题或精准预测未来。西门子公司将其具体应用到无人化工厂的设计与应用，可以将实际加工生产过程的所有元素全部数字化，之后在数字化层面，再将生产过程中所有的环节全部通过模拟仿真分析出来，还可预测实际投入生产后将会发生什么，从而防止在实际生产或投产过程中发生诸多问题所造成的投资损失。目前，煤矿装备领域 VR 研究的数字化设计能力还比较低，VR 技术还不能对综采工作面进行全面虚拟规划。

1.3.5 目前研究存在的问题和不足

（1）“三机”工况监测方法

关于采煤机定位定姿方法，尽管对于采煤机组合定位的方法有很多研究，但是都没有考虑采煤机和刮板输送机的连接关系，如果可以分析两者之间的连接关系，会给采煤机的定位定姿提供更多信息，从而提高定位定姿的精度。

关于液压支架姿态监测方法，主要是针对单机单架进行监测，还没有考虑整个群液压支架各个循环之间以及采煤高度和液压支架支撑状态之间存在的内在联系。

关于刮板输送机监测方法，对形态监测的方法主要是依靠采煤机的信息进行决策，没有分析采煤机和刮板输送机深层次的形态耦合关系。而在研究刮板输送机的动力学、摩擦磨损问题时，总是忽略弯曲段的影响，因此需要对刮板输送机的弯曲段进行精确求解。

而在监测维数方面，仍然是以组态软件的二维监测画面为主的传统监测，观测方法不直观，不能够形象生动地表现出“三机”的实际工作状态。

“三机”定位定姿方面的研究主要还集中在对单机的定位定姿的研究，很少能够考虑对多个配套设备之间的约束、连接关系，对“三机”进行联合定位定姿的研究还比较少，而且没有考虑地质地形条件。

(2) 对于“三机”VR场景仿真

目前,对于综采工作面的VR仿真主要集中在安全培训、模拟操作、工艺仿真和井下场景展示等方面,主要还是用于培训和教学领域。目前主要存在以下问题:

1) 对虚拟采煤机的空间定位、刮板输送机弯曲以及液压支架四连杆等方面的仿真均没有进行很好的研究。

2) 基本都是在水平底板环境下的仿真,并未充分考虑地质地形变化等因素。

3) 虚拟设备仿真不可控,仅仅是艺术性的动画展示。

(3) 综采工作面VR监测

综采装备VR监测已成为国内外较活跃的研究课题,综采工作面作为煤矿自动化生产的关键一环,做到监测准确、实体感很强成了VR监测的目标,目前主要存在以下问题:

1) VR监测系统的大部分研究都是在水平理想底板环境下做的,没有与“三机”实际工况监测结合起来,更没有考虑实际井下的顶底板条件。

2) 大多数研究者主要是针对单机进行VR监测研究,仅有的几个对“三机”进行协同监测研究的,也仅仅是进行理论上的探索,没有进行试验性研究。

3) 传感器数据只是进行直接读取或者简单的保存到数据库中,没有对历史数据进行充分利用和挖掘。

4) 进行试验的研究较少,传感器布置少,还没有在大量传感信息数据情况下进行VR监测的具体解决方案。

5) 对VR监测模式没有深入探索,底层没有相对应的数学模型做支撑,导致监测效果与实际出入较大。

(4) 综采工作面“三机”虚拟规划

目前,对于综采工作面的VR仿真主要用于培训和教学领域,还远远达不到虚拟规划,其主要原因如下:

1) 仿真参数单一,不可变,无法仿真各种复杂场景。

2) 没有数学模型作支撑,基本只能展示工艺。综采装备运行配套关系复杂,采煤、装煤、运煤以及综采工作面设备与周围环境共同构成一个复杂系统。在进行数学建模时需要考虑的因素非常多,把每一个可能的因素都考虑进去非常困难,加上每个问题都十分抽象,建立起数学模型来就更是难上加难。目前还没有一个整体针对综采工作面配套、运行、性能、环境等多因素相结合的数学模型。

3) 仿真过程中的数据无法导出,不能提供深层次的分析与决策参考。

4) 没有深层次剖析设备和设备、设备和环境之间的信息交互关系。

5）正是基于前几点困扰，造成了虚拟仿真参数与真实参数的对应性较差，关联性不够缜密和细腻。

也正是因为以上原因，直接导致了现有综采虚拟仿真存在很多缺陷，更达不到规划领域深度仿真的要求。

1.4 主要研究内容与技术路线

基于以上问题，在 VR 环境下，以综采工作面“三机”装备——采煤机、刮板输送机和液压支架为研究对象，以实现建立真实“三机”的实时工作运行状态的虚拟镜像为目的，开展 VR 监测与规划方法研究，试图建立一种可靠性高、实时性强、全景 3D 显示综采工作面运行状况的 VR 监测与规划系统。

（1）综采工作面单机工况监测与虚拟仿真方法

建立采煤机、刮板输送机和液压支架等“三机”的物理信息传感体系，探索井下底板存在横向和纵向倾角的情况下单个机器的工况监测方法；研究 VR 仿真引擎 Unity3D 环境下虚拟“三机”的单机仿真方法，包括姿态解析、模型构建与修补以及无缝联动、虚拟弯曲和记忆截割等问题。

（2）VR 环境下综采工作面“三机”工况监测与仿真方法

分析实际工况条件下“三机”之间的约束连接关系和复合姿态行为，研究底板平整情况下的“三机”虚拟协同仿真方法、采煤机和刮板输送机弯曲段进刀下的姿态行为耦合特性、复杂工况下采煤机和刮板输送机联合定位定姿方法、群液压支架记忆姿态监测方法等。

（3）VR 环境下综采工作面“三机”工况监测系统

系统总体方案设计、软件设计、硬件设计和功能设计等；研究基于 Unity3D 的 VR 监测方法、基于 LAN 的 VR 监测与实时同步方法、多软件实时耦合策略等。

（4）VR 环境下综采工作面“三机”动态规划方法

构建动态环境下多因素耦合的“三机”协同数学模型、“三机”Agent 模型；研究 VR 协同规划环境与方法，设计并实现“三机”协同运行 VR 规划系统。

（5）VR 环境下综采工作面“三机”工况监测与规划方法试验

搭建综采工作面“三机”工况监测与规划的物理试验系统与“三机”样机试验平台，分别进行单机姿态监测、VR 环境下“三机”工况监测与仿真方法、“三机”VR 工况监测系统以及“三机”规划等试验研究。

本书所采取的技术方案与技术路线如图 1-1 所示，从总体角度来看，本书分为三部分进行研究。

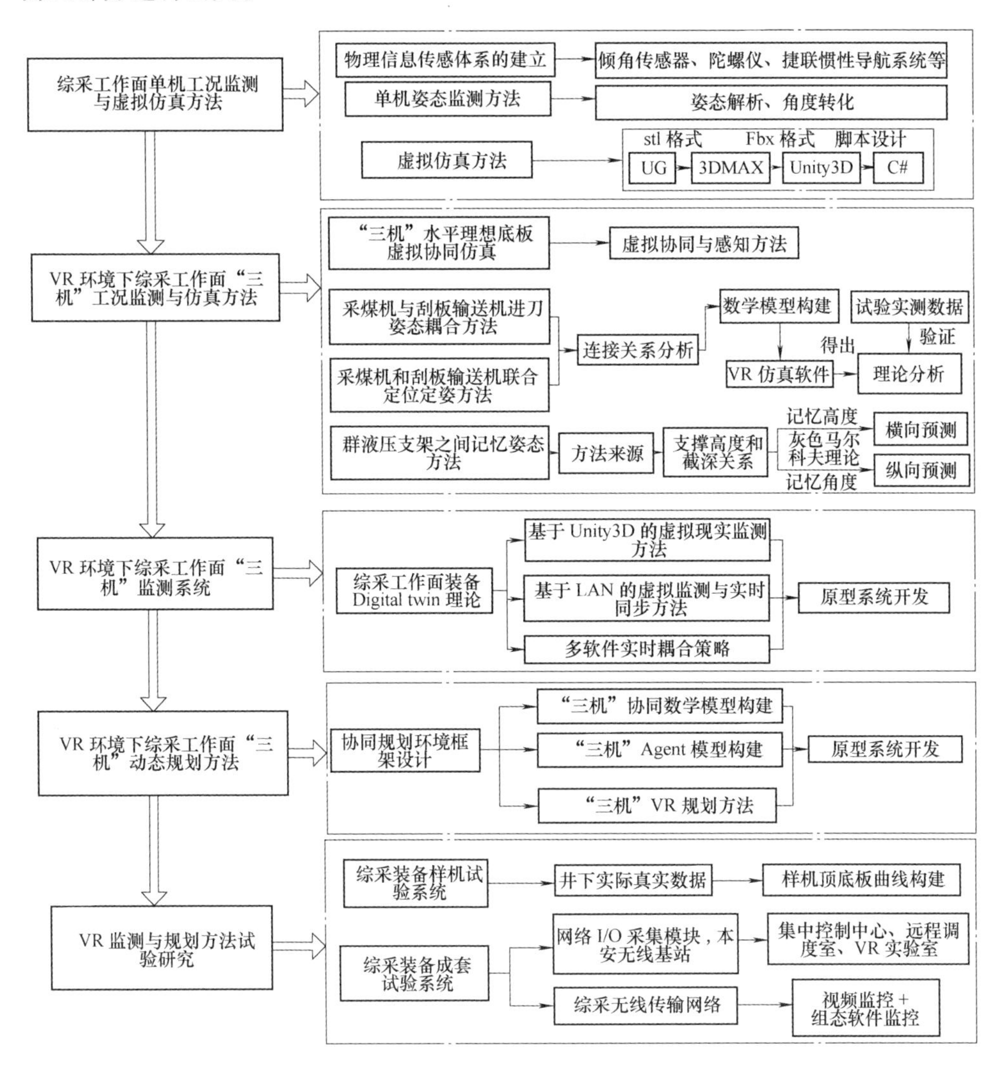

图 1-1 本书所采用的技术路线

（1）在不影响正常工作的前提下，在物理实体上采取相应的措施，布置适当的传感器，建立装备的物理信息传感体系，并进行实际单机及“三机”姿态监测方法的研究，可以把特征变量采集下来，经过特殊的处理与算法，可准确得到设备真实的运行状态。

（2）在虚拟世界中，建立真实物理实体的虚拟镜像。需要对虚拟仿真方法、VR 监测关键技术、VR 规划关键技术以及底层的数据监测与分析模块进行研究。

（3）“实”和“虚”的接口：在（1）中采集的状态变量如何准确可靠地传

输到（2）中，并能无缝被（2）接收，并根据此信息做出相应虚拟动作。与真实物理实体保持数据同步，即所谓的 VR 监测。包括高速网络通信平台的构建，SQL Server 数据库的实时读取与同步技术等。

1.5 小结

本章论述在“互联网+”“工业 4.0”和“中国制造 2025”等时代背景下，煤矿综采装备正在朝着自动化、智能化和无人化方向发展和迈进，从而引出本书的研究背景、目的和意义，接着分别概述综采工作面“三机”工况监测理论与方法、VR 场景仿真、VR 监测与“三机”VR 规划方法，从而引出现在研究中存在的问题和不足。最后对本书的研究内容进行了总结和概述。

第2章

综采工作面单机工况监测与虚拟仿真方法

2.1 引言

要进行VR环境下综采工作面“三机”工况监测与规划方法研究，必须首先对“三机”中的单机进行工况监测与虚拟仿真方法的研究。其中工况监测部分，需要借助布置在每台机器上特定位置的传感器来对采煤机、刮板输送机和液压支架单机在井下工况条件下的实际姿态进行监测。而单机虚拟仿真方法部分，则是借助Unity3D虚拟现实仿真引擎，进行与实际“三机”行为完全一致的虚拟单机仿真方法的研究。本章是全书研究的基础，只有做好“三机”中单机的工况监测与虚拟仿真方法研究才能为本书后续的研究提供基础。

2.2 物理信息传感体系的建立

本书以煤矿综采装备山西省重点实验室煤矿综采装备成套试验系统的“三机”装备为研究对象进行分析，“三机”的型号等详细信息见表2-1。

表2-1 煤矿综采成套试验系统装备概述

序号	设备名称	规格型号	数量/台
1	液压支架	ZZ4000/18/38	20
2	采煤机	MGTY250/600	1
3	刮板输送机	SGZ764/630	1

2.2.1 采煤机传感器布置

为了满足全景采煤机姿态监测需求，采煤机传感器布置方案如图2-1所示。

各传感器作用如下：

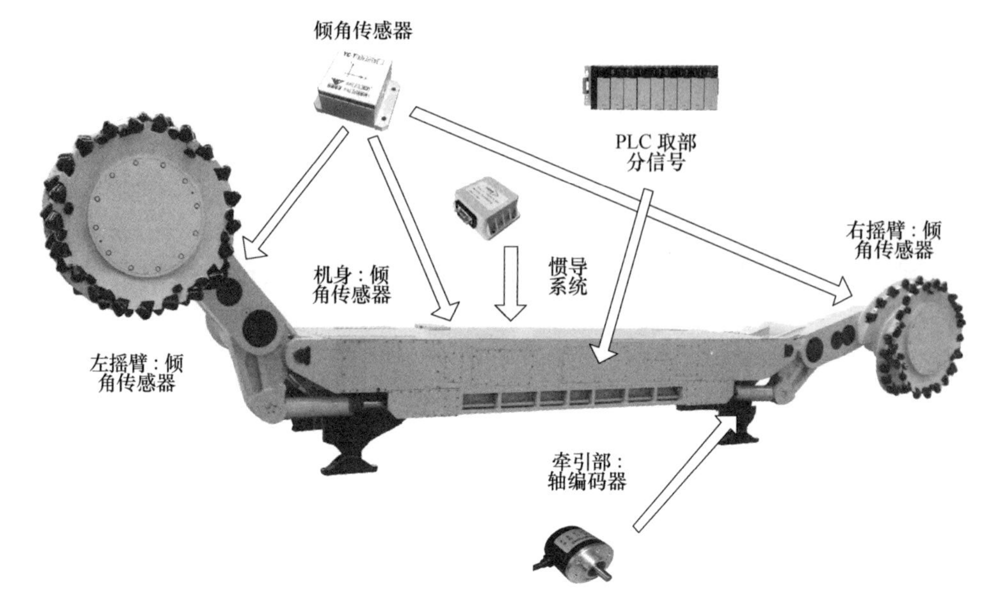

图 2-1　采煤机传感器布置

（1）牵引部的轴编码器：用于采煤机的粗略定位。

（2）机身的倾角传感器：用于采煤机机身的倾角监测。机身倾角传感器对采煤机的俯仰角和横滚角进行监测，可以在地形条件发生变化时，在记忆截割过程中对截割高度进行高度补偿，实现稳定和精确的记忆截割。

（3）摇臂的倾角传感器：用于采煤机左右摇臂倾角的监测，与采煤机机身倾角联合进行实时运算，求解出两个摇臂与机身铰接点的绝对转动角度。

（4）捷联惯性导航：将惯性测量器件直接固连在采煤机机身中心上，进行导航解算。捷联惯性导航装置由三轴陀螺仪、三轴加速度计和三轴磁偏计共计 9 个测量单元组成，可对采煤机进行精确定位，并可实时输出采煤机的横滚角、俯仰角和偏航角，与机身倾角传感器信息进行实时融合，以提高测量精度。

全部信号通过机载 PLC 的 RJ45 信号端口和矿用本安无线基站返回顺槽集控中心。

2.2.2　液压支架传感器布置

液压支架传感器布置方案如图 2-2 所示。为了满足全景支撑掩护式液压支架姿态监测要求，需在掩护梁、前连杆、底座和顶梁处分别布置 4 个双轴倾角传感器，一级、二级护帮和伸缩梁的布置接近传感器，要求对液压支架进行电液控制改造，所有信号能接入网络 I/O 采集模块，然后再通过高速网络通信平台返回集中控制中心。监测方案的数据如下：

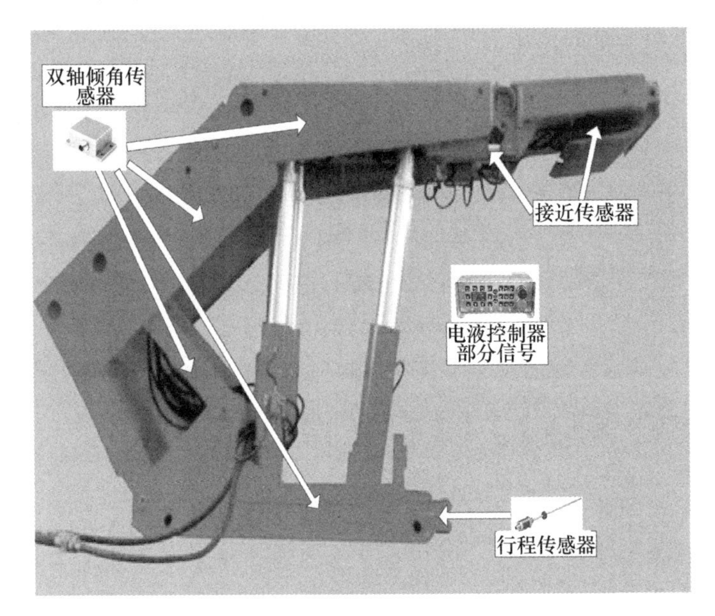

图 2-2　单个液压支架上传感器的布置方案

（1）顶梁倾角：顶梁结合底座倾角，实时计算顶梁俯仰角，一般俯仰角不得超过 −7° ~ +7°。

（2）支架支撑高度：通过顶梁、掩护梁、前连杆、底座处布置的倾角传感器，对支架支撑高度进行计算。

（3）液压支架姿态：通过顶梁、掩护梁、前连杆、底座处布置的倾角传感器，通过姿态解算，可以分别求解出 4 根立柱的伸缩长度，进而得到整个支架的姿态。

（4）一级、二级护帮和伸缩梁是否伸缩到位：通过接近传感器的信号出现变化判断是否伸缩到位后。

（5）支架推移液压缸位移与状态：通过推移液压缸位移传感器的信号判断支架推移状态。

（6）支架的排列状态：多个支架的排列状态，比如两相邻的支架是否发生咬架、支架是否保持直线等，可通过求解的单架姿态进行综合计算。

2.2.3　刮板输送机传感器布置

刮板输送机地形监测示意图如图 2-3 所示。为了监测工作面底板形态，需要在每节刮板输送机溜槽上布置双轴倾角传感器，具体安装位置为每节溜槽的电缆槽下侧，以实现每节溜槽双轴倾角的实时测量，完成对综采工作面地形状态的分析。采集每节溜槽姿态，通过计算方法分析汇总，还原工作面三维地形。在采煤过程中，通过对采煤机卧底量、采高和液压支架推移量的控制，及时调整工作面装备姿态。

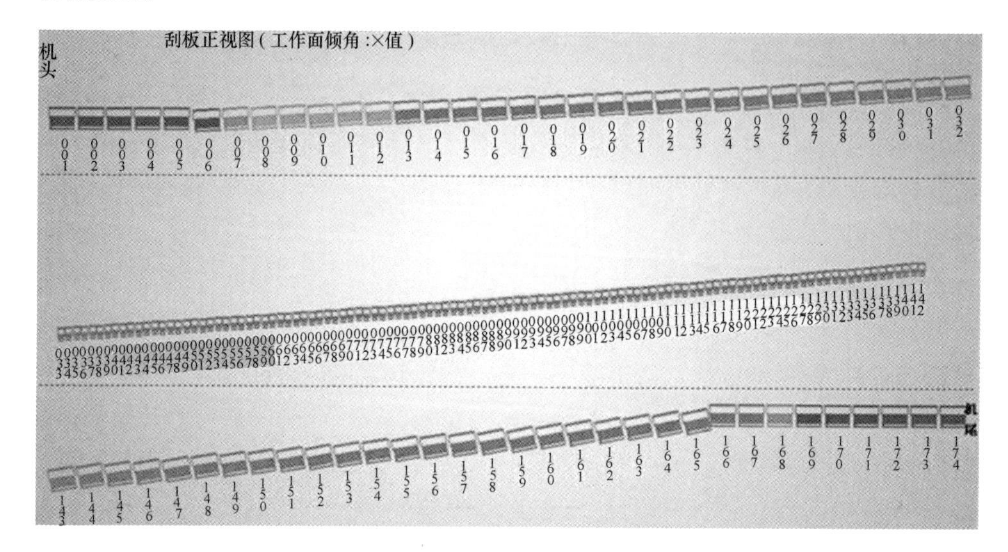

图 2-3　刮板输送机姿态监测方案

2.3　综采装备单机姿态监测方法

2.3.1　采煤机姿态监测方法

可以通过实时计算图 2-4 所示的关键点来对采煤机姿态进行描述，在有纵向

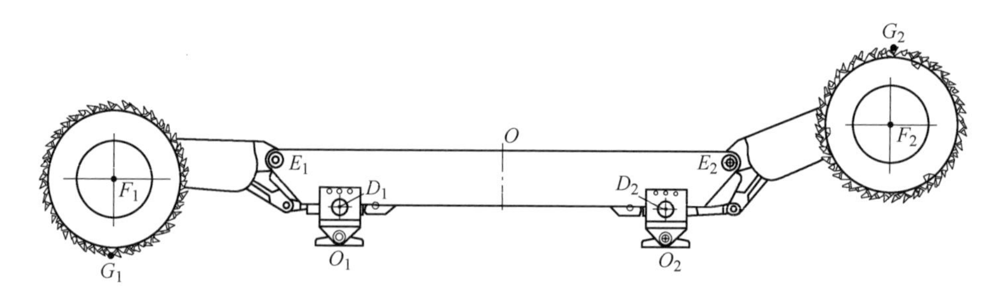

图 2-4　采煤机关键点解析

O_1—左支撑滑靴关键点　O_2—右支撑滑靴关键点　D_1—左导向轮的关键点　D_2—右导向轮的关键点
E_1—左摇臂铰接点　F_1—左滚筒旋转点　E_2—右摇臂铰接点　F_2—右摇臂旋转点
G_1—左滚筒计算点　G_2—右滚筒计算点

倾角时，只需要根据纵向角度进行换算，就可轻松计算出关键点坐标。采煤机姿态监测主要通过捷联惯性导航系统的定位计算出采煤机的精确位置，从而确定 O 点的坐标。再通过机身倾角传感器的角度信息和 SINS 的角度信息，实时计算输出精确的采煤机横滚角、俯仰角和偏航角等信息。再通过左右摇臂倾角传感器，求解出两个摇臂与机身的铰接点的绝对转动角度，从而完全表达采煤机的姿态。

2.3.2 刮板输送机姿态监测方法

如图 2-5 所示，已知中部槽每节长度为 L_{ZBC}，并且每节中部槽横向倾角为 α_n，纵向倾角为 β_n。可知每个中部槽在 XY 平面内的分段函数［式（2-1）］：

$$\begin{cases} f_1(x) = x\tan\alpha_1 & 0 \leqslant x \leqslant x_1 \\ f_2(x) = f_1(x_1) + (x - x_1)\tan\alpha_2 & x_1 < x \leqslant x_2 \\ \vdots & \\ f_{n-1}(x) = f_{n-2}(x_{n-2}) + (x - x_{n-2})\tan\alpha_{n-1} & x_{n-2} < x \leqslant x_{n-1} \\ f_n(x) = f_{n-1}(x_{n-1}) + (x - x_{n-1})\tan\alpha_n & x_{n-1} < x \leqslant x_n \end{cases} \tag{2-1}$$

式（2-1）中 x_i 是第 i 个中部槽在 X 轴上的边界点。

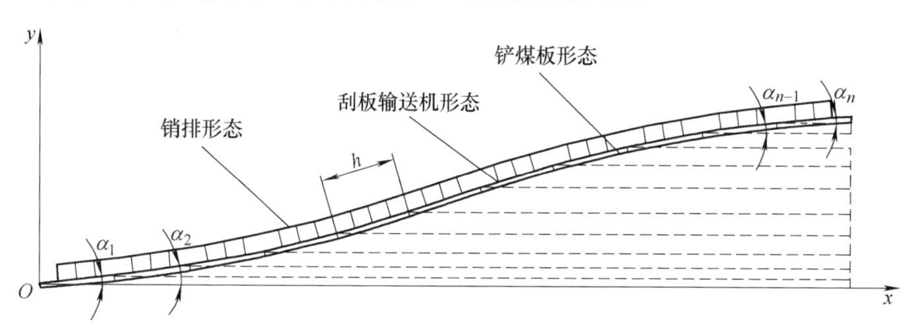

图 2-5 刮板输送机形态

采煤机在刮板输送机上的位置。设采煤机关键点 O_1（图 2-4 中）位于刮板输送机第 k 节上的 p 处。则

$$\frac{s}{h} = k\cdots\cdots p \tag{2-2}$$

式中，s 为采煤机的行程；h 为单节中部槽的长度；k 为商，代表采煤机所处中部槽的编号；p 为余数，代表采煤机在第 k 处中部槽的第 p 个位置。

求出刮板输送机第 k 个铰接点的坐标（$x_{k,}$, y_k）以及刮板输送机第 k 节上的 p 处相对于点（x_k, y_k）的坐标偏移量（x_p, y_p），则当采煤机的行程为 s 时，采煤机

特征点坐标为

$$\begin{cases} x_s = x_k + x_p = L_{ZBC}\sum_{i=1}^{k}\cos\alpha_i + L_{ZBC}p\cos\alpha_{k+1} \\ y_s = y_k + y_p = L_{ZBC}\sum_{i=1}^{k}\sin\alpha_i + L_{ZBC}p\sin\alpha_{k+1} \end{cases} \tag{2-3}$$

2.3.3 液压支架姿态监测方法

2.3.3.1 姿态解析

液压支架的姿态解析主要包括四连杆机构的解析、四连杆机构与顶梁的协同解析、四连杆机构和顶梁与前后立柱之间的协同解析。

经分析可知：由已知的前连杆倾角或者后连杆倾角确定四连杆机构的姿态，包括掩护梁的姿态。但顶梁运动受掩护梁运动影响，需再结合顶板工况，从而做出俯仰动作，因此顶梁也具备一个独立的自由度，用顶梁倾角变量关联，就可求出整个液压支架的姿态参数。建立如图 2-6 所示的液压支架解析模型。

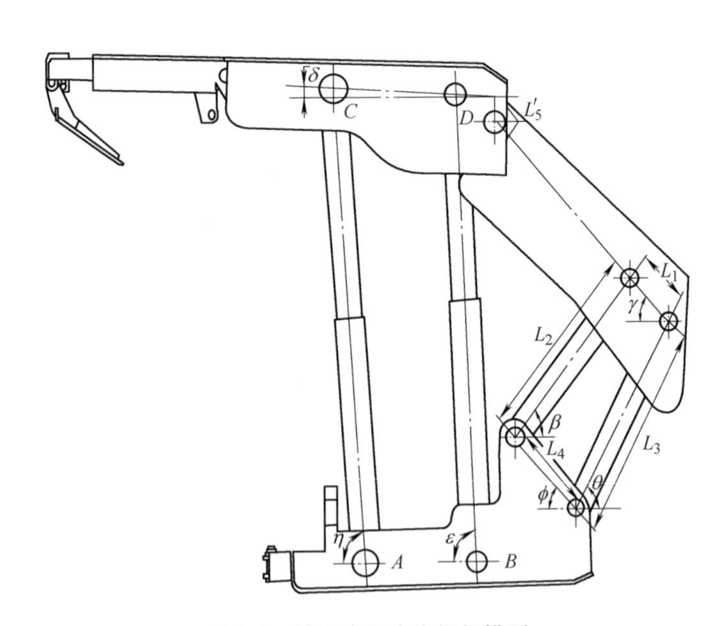

图 2-6 液压支架姿态解析模型

本节以已知前连杆倾角和顶梁倾角对姿态进行解析，所建立的角度变量信息见表 2-2。

表 2-2　ZZ4000/18/38 型液压支架角度变量

变　量	意义（全部相对应底座）
θ	后连杆倾角
δ	顶梁倾角
ϕ	前连杆销轴与后连杆连线和底座倾角
β	前连杆倾角
γ	掩护梁倾角
η	底座前立柱与底座夹角
ε	底座后立柱与底座夹角

已知 L_1、L_2、L_3、L_4、L_5、θ 和 ϕ 等结构参数，对于 ZZ4000/18/38 液压支架，$L_1=379.6\text{mm}$、$L_2=1375.4\text{mm}$、$L_3=1400\text{mm}$、$L_4=686.4\text{mm}$、$L_5=190.5\text{mm}$，设求 β 和 γ。

由图 2-6 中关系分析可知

$$\begin{cases} L_2\sin\beta + L_4\sin\phi = L_1\sin\gamma + L_3\sin\theta \\ L_2\cos\beta + L_1\cos\gamma = L_4\cos\phi + L_3\cos\theta \end{cases} \tag{2-4}$$

解得

$$\gamma = \arcsin\left(\frac{c}{\sqrt{a^2+b^2}}\right) + \arccos\left(\frac{a}{\sqrt{a^2+b^2}}\right)$$

$$\beta = \arccos\left(\frac{L_4\cos\phi + L_3\cos\theta - L_3\cos\gamma}{L_2}\right)$$

式中，a、b、c 为中间变量，分别为

$$a = 2L_1(L_3\sin\theta - L_4\sin\phi)$$

$$b = -2L_1(L_3\cos\theta + L_4\cos\phi)$$

$$c = L_2^2 - L_1^2 - (L_3\cos\theta + L_4\cos\phi)^2 - (L_3\sin\theta - L_4\sin\phi)^2$$

加上顶梁倾角 δ，分别对顶梁和底座结构进行解析，就可以确定前立柱销轴点 C、后立柱销轴点 D、前立柱体销轴点 A 和后立柱体销轴点 B 在底座坐标系中（以后连杆销轴点为原点）的坐标。

这样就可以求出前立柱与底座夹角 η，以及立柱在此过程中伸缩的长度 $L_{伸长}$。液压支架高度 H 也可根据这些信息轻松求出。

$$\eta = -\arcsin\frac{Y_{AC}}{X_{AC}} \tag{2-5}$$

$$L_{伸长} = \sqrt{X_{AC}^2 + Y_{AC}^2} - L_{AC原始} \tag{2-6}$$

2.3.3.2　实际转角与参数计算

在液压支架实际工作过程中，底板是存在横向倾角和纵向倾角的，歪架等情

况随时可能出现，液压支架在实际工作过程中姿态必须充分考虑到横向和纵向倾角。

根据倾角传感器的原理，当传感器测得角度所在的平面与竖直平面有夹角时，如图 2-7 所示，测得的角度将不再是计算平面内的角度，因此需要进行转换来提高测量数据的精度。

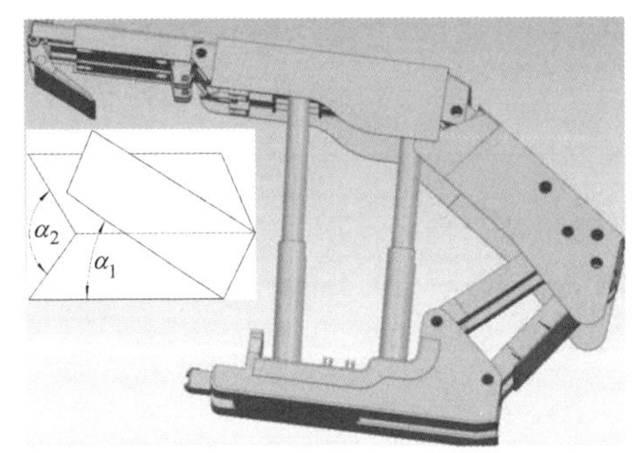

图 2-7　实际工况下液压支架姿态图

根据 4 个双轴倾角传感器的数值及实际情况，当液压支架底座与水平面和竖直平面都有夹角时，那么这两个角度要同时转化为计算平面内的角度，传感器数值与计算角度关系见表 2-3。

表 2-3　传感器数值与计算角度之间的关系

变　量	意　义	传感器实际测量角度	计算角度
X_1	底座倾角传感器与水平面之间夹角	α_1	$\alpha'_1=\alpha_1$
Y_1	底座倾角传感器与竖直平面之间夹角	β_1	$\beta'_1=\dfrac{\beta_1+\beta_2}{2}$
X_2	顶梁倾角传感器与水平面之间夹角	α_2	$\alpha'_2=\arcsin\dfrac{\sin(\alpha_2-\alpha_1)}{\cos\beta_1}$
Y_2	顶梁倾角传感器与竖直平面之间夹角	β_2	$\beta'_1=\dfrac{\beta_1+\beta_2}{2}$
X_3	后连杆倾角传感器与水平面之间夹角	α_3	$\alpha'_3=\arcsin\dfrac{\sin(\alpha_3-\alpha_1)}{\cos\beta_1}$
X_4	掩护梁倾角传感器与水平面之间夹角	α_4	$\alpha'_4=\arcsin\dfrac{\sin(\alpha_4-\alpha_1)}{\cos\beta_1}$

设液压支架支撑高度是液压支架的一个关键参数，根据角度转化结果，可以得出计算公式：

$$H=f[\alpha'_1,\alpha'_2,(\alpha'_3)或(\alpha'_4)] \tag{2-7}$$

利用前连杆或者掩护梁的数据均可测出高度，但本书利用两者数据进行融合计算，具体方法见 3. 4. 5 节。

2. 4　基于 Unity3D 的液压支架部件无缝联动方法

液压支架由于其四连杆机构运动的复杂性，如何逼真地表达出运动关系十分关键。因此本节主要是以液压支架部件无缝联动方法进行介绍。

2. 4. 1　液压支架虚拟仿真方法整体思路

要想在 VR 环境下建立真正的与现实液压支架完全一致的虚拟模型，必须对其结构性能和 VR 仿真环境有足够的了解。现在三维造型主要依靠 CAD 三维造型软件。充分分析 CAD 软件与 VR 软件的不同点和优缺点，并将二者的特点和优势进行互补与融合，才能较真实地在虚拟环境中表现出支架真实的特性。表 2-4 为 CAD 软件与 VR 软件的构型与表达方式的不同。

表 2-4　CAD 软件与 VR 软件特点比较

名　称	CAD 软件	VR 软件
运动	遵循约束	计算机图形学
定位	遵循约束	绝对或相对位置坐标
识别	自动识别特征	无法自动识别
造型	机械产品造型	艺术、曲线造型
显示	无材质	丰富的材质

CAD 软件，包括 UG、Pro/E、Catia 和 Solidworks 等，本节以 UG 为例进行分析，通过中间交换格式 stl 导入 3DMAX 软件中，进行模型修补，添加材质，再转换成可以导入 VR 软件的中间格式。其中，CAD 导出中间格式后，模型的位置信息被保存，但机械约束全部丢失。经多次试验，发现了一套输入规则，如果按照这个规则把各部件模型导入 VR 软件，各部件相对位置就会和 CAD 软件中的正确装配格式相同。利用这个特点，在 CAD 软件中，在每个部件运动的关键特征点，装配一个特定标志物并用来标记此关键特征点，就能实现和保证该部件运动信息的真实性和可靠性。

导入 VR 环境中后，建立各部件之间的父子关系（父物体运动影响子物体运动，子物体运动不影响父物体运动），对各姿态进行解析，求解出每个运动状态变量的关系，避免冗余。利用 C#语言编写程序实现动作真实的运动速度、状态切换关系以及 GUI 界面的建立，从而完成虚拟联动。图 2-8 所示为本节液压支架部件无缝联动方法流程图。

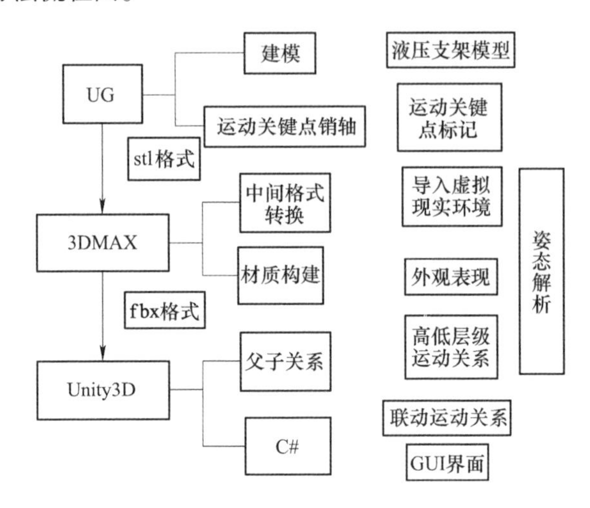

图 2-8 无缝联动方法顺序流程图

2.4.2 模型构建与修补

根据 ZZ4000/18/38 液压支架全套图样，在 UG 中进行建模并进行模型修补，如图 2-9 所示，主要是针对运动关系的旋转中心点，建立销轴，分别将每一个部

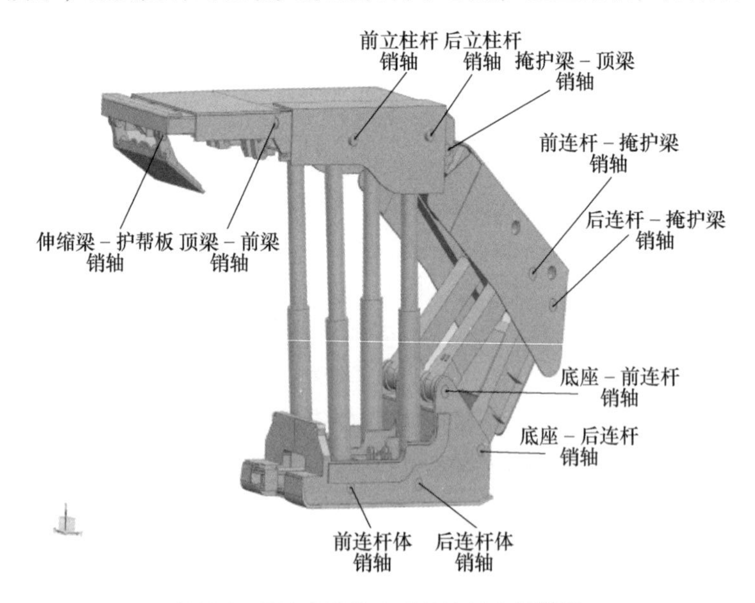

图 2-9 UG 中修补完成的液压支架模型

件以 stl 的格式导入 3DMAX，然后再将模型以 fbx 的格式导出，此时模型就可导入 VR 软件 Unity3D 中。所修补的 11 个销轴与所有部件模型的位置关系均与在 UG 中经过模型修补的零部件位置关系保持一致，以此对运动中心点进行标记。

在格式转换过程中，由于在 UG 中前后立柱模型的局部坐标系与液压支架整体的坐标系不重合，导致在 3DMAX 软件中无法准确找出液压缸杆相对液压缸体进行直线运动的坐标轴，进而导致在 Unity3D 中液压缸杆运动出现偏差。经过多次试验，最终通过在 UG 中从液压缸子模型装配体中导出 stl 文件，在 3DMAX 中进行位置修正才得以成功，而不能直接用常规的方法，即从整体液压支架装配模型中导出。这也进一步证明了在整个液压支架的装配模型中，部件局部坐标系与整体装配坐标系不重合时零部件导出的不同方法。

2.4.3　虚实无缝联动方法

导入 VR 环境 Unity3D 中后，需要用到以下关键技术：

2.4.3.1　父子关系的建立

父子关系建立首先需要在 Hierarchy 视图中建立层级关系，如图 2-10 所示，然后建立 ZzyyControl. cs 脚本，赋给底座物体，利用 C#对部件进行部件变量定义并将这些变量与部件建立一一对应关系。

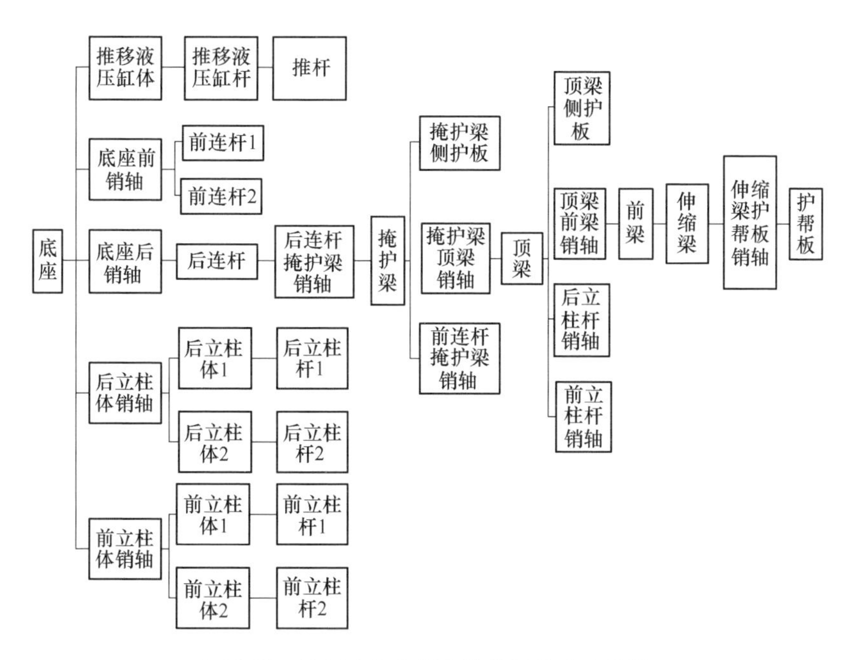

图 2-10　液压支架各零部件父子关系结构图

定义变量：

public Transform DiZuoHouXiaoZhou；//定义底座与后连杆销轴

publicTransform HouLianGan；//定义后连杆

……

与部件建立关系：

DiZuoHouXiaoZhou = gameObject. transform. GetChild（2）. transform；//底座与后连杆销轴是底座的第三个子物体

HouLianGan = DiZuoHouXiao Zhou. transform. GetChild（0）. transform；//后连杆销轴是底座与后连杆销轴的第一个子物体

……

2.4.3.2 局部坐标系与全局坐标系的建立

由于所有部件与底座的相对位置保持不变，所以必须利用局部坐标系进行运动分析。

推移液压缸的运动运用 localPosition 函数，运动前坐标为（0.12，-6.41,0）。

TuiYiYouGangShenChang 为推移液压缸伸长量变量，用以下代码实现：

TuiYiYouGangGan. localPosition = new Vector3(0.12f，-6.41f-TuiYiYouGangShenChang,0)；

伸缩梁护帮板销轴控制护帮板的旋转运动，运用 localRotation 函数，在 Unity3D 中用四元数（quaternion）来表示旋转：

Quaternion = $(xi + yj + zk + w) = (x, y, z, w)$

Q = $\cos(a/2) + i[x \cdot \sin(a/2)] + j[y\sin(a/2)] + k[z\sin(a/2)]$ （a 为旋转角度）

利用以下代码实现：

HuBangBanXiaoZhou. localRotation = new Quaternion(0，0，Mathf. Sin(HuBang-Ban JiaoDu * Mathf. PI/360),Mathf. Cos(HuBang BanJiaoDu * Mathf. PI/360))

2.4.3.3 液压支架各动作实现

结合有限状态机 FMS（Finite-State Machine），建立液压支架的状态 State {推溜（0）、收护帮板（1）、降柱（2）、移架（3）、升柱（4）、伸护帮板（5）}。

状态切换条件如图 2-11 所示，运用 switch... case... 语句来实现几个不同状态情况下随着采煤机位置的变化而自动切换各自的运行状态。其中，m、n 和 q 分别为收护帮工艺、移架工艺和推溜工艺的参数。

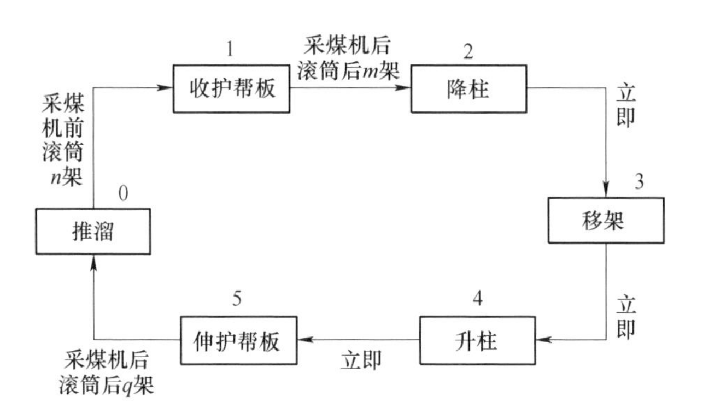

图 2-11　液压支架有限状态机模型

2.4.3.4　VR 运动速度求解

以 XR-WS1000 型乳化液箱驱动 ZZ4000/18/38 型液压支架运动为例进行速度求解分析。此乳化液箱的基本参数为：公称压力 31.5MPa，公称容量 1000L，公称流量 125L/min。按照理想状态，以立柱为例，进行液压缸动作速度的计算。

立柱无杆腔直径为 200mm，有杆腔直径为 85mm，前后立柱总数量为 4，假设降柱高度为 200mm。

无杆腔速度为

$$V_1 = Q_1/A = (125\times10^3)(\text{cm}^3/\text{min})/[(3.14\times0.1^2\times10^4)\times4]\text{cm}^2$$

$$=99.52(\text{cm/min}) = 1.66(\text{cm/s})$$

伸长时间为[200mm/16.6(mm/s)]×1.2 = 14.46s

Unity3D 软件可以对每秒刷新的帧数进行设置，将 EDIT-Project-other 的 V Sync Count 选项改为 Don't Sync，然后添加修改帧数脚本 UpdateFrame. cs：

Application. targetFrameRate = target FrameRate；

targetFrameRate = 10 表示程序 1s 执行 10 帧，对应的 update ( ) 函数执行 10 次。

假设升柱过程中，顶梁上升 200mm，根据前面位姿计算结果，对应的后立柱上升 201.834mm，计算可得，升柱过程时间为 14.46s，所以每帧增量为 201.834/(14.46×10) = 1.39mm。后立柱倾角由 86.8°变为 86.6°，然后通过下列循环实现液压缸伸长。

```
if ( DiZuoHouLiZhuShenChang < 201.834f)
        {

..... 循环语句
```

```
DiZuoHouLiZhuShenChang += 1.39f;

        }
```

2.4.3.5 顶梁抵消掩护梁转动角度

由于顶梁作为掩护梁的子物体，会随着掩护梁的转动而转动，因此应该对顶梁在掩护梁转动方向的反方向进行相应的角度补偿，保证顶梁姿态正确。顶梁倾角由顶梁倾角变量独自驱动，并在掩护梁动作过程中消除掩护梁角度变化影响，由如下代码实现：

```
YanHuDingLiangXiaoZhou.localRotation = new Quaternion(0, 0, Mathf.Sin((Ding LiangRotAngle-YanHuLiangQing JiaoAngle) * Mathf.PI/360), Mathf.Cos((DingLiangRotAngle-YanHuLiangQing JiaoAngle) * Mathf.PI/360));
```

2.4.3.6 移架与推溜过程的父子关系变换

移架过程中，顶梁与顶板进行分离，以刮板输送机为支点拉动液压支架，而在推溜时，顶梁与顶板紧密接触，以液压支架为支点推移刮板输送机，所以在VR环境下，在移架进行时，推移液压缸不随支架进行运动，因此在推溜完毕后，必须将推移液压缸杆和推移液压缸体父与子关系暂时分离，这个变换用以下代码实现：

```
TuiYiYouGangTi.transform.DetachChildren();
```

在移架完毕后，再次将推移杆的父物体设置为推移液压缸体，并再次跟随父物体一起运动：

```
TuiYiYouGangGan.transform.parent = TuiYiYouGangTi;
```

2.4.3.7 实际工况液压支架姿态

在液压支架实际工作过程中，底板是存在横向倾角和纵向倾角，以及歪架等情况出现的。定义采煤机的俯仰角、横滚角和偏航角为综采工作面的俯仰角（PitchAngle）、横滚角（RollAngle）和偏航角（YawAngle）。这3个角度的相互变化显示液压支架实际工作过程中的变化，进而也显示综采工作面地形条件发生的变化，用以下代码实现：

```
transform.eulerAngles = new Vector3(RollAngle, YawAngle, PitchAngle);
```

2.4.3.8 GUI界面

利用Unity3D软件自带的UI进行设计，设置采煤机的位置和运动方向，利用随机函数去实现采煤机的位置和运动方向变化，支架就会随之改变而进行相应的动作。分别建立立柱、推溜、移架和护帮板的控制按钮，用户也可以根据按钮进行远程人工干预操作。

2.4.4　人机交互模式与方法

以2.4.3节技术为基础，进行液压支架虚拟仿真系统的开发，系统具有两种交互方式。第一种交互方式为虚拟GUI（Graphical User Interface）交互模式，见2.4.3.8节。第二种交互方式为虚拟手交互方式，利用5DT数据手套和位置跟踪器Patriot完成实验。在Unity3D软件环境下，对建立的操作阀模型进行抓取操作，数据手套控制虚拟手各关节的姿态与数据，位置跟踪器确定虚拟手的位置，当有手指的射线与操作手柄的包围球相交时，即为接触到物体。根据人手的实际抓取物体规律，当包含大拇指在内的3根手指接触到操作手柄且全部弯曲到整个手掌平面的2/3以下，即判断为抓取到手柄，手保持握住状态，就可持续虚拟操作手柄打到左位或右位。表2-5为建立的操作手柄功能表。

表2-5　液压支架操作手柄功能表

操作手柄位置	左　位	右　位
第一排	立柱升	立柱降
第二排	移架	推溜
第三排	前梁伸	前梁收
第四排	侧护伸	侧护收
第五排	伸缩梁伸	伸缩梁收
第六排	护帮板打出	护帮板收

对液压支架虚拟仿真系统进行测试，虚拟手的释放和抓取规则相反，当3根或3根以上的手指射线都远离包围球，未和其相交，则判断其将操作手柄释放。

首先用鼠标单击GUI按钮：

（1）进入系统后，持续按下“推溜”按钮旁边的“+”，会出现推溜杆逐渐伸出的动作，到位后，会看到系统出现“已到位”提示，此时即可松开按钮。

（2）单击“立柱”按钮的“+”，会看到立柱升，到最高点后会出现“已到达最高点”的提示。在运动过程中，仔细观察各部件的运动关系，能够做到相互协调，无缝联动。

（3）单击“移架”按钮，会看到液压支架做移架动作，运动速度快慢与实际支架速度一致，如图2-12所示。

接着系统在VR实验室中进行虚拟手操作虚拟手柄测试，如图2-13所示为虚拟手测试，虚拟抓取第二排操作手柄，并打到左位，虚拟液压支架会进行移架动作，移架距离达到步距后，系统会出现“移架到位”提示。

图 2-12　虚拟画面中液压支架移架状态

图 2-13　VR 实验室测试

整个系统测试效果良好，可以真实再现液压支架各运动状态，且各部件在各动作运行过程中无缝联动。经过对测试效果仔细分析未出现有运动不匹配与不协调的情况。

2.5　基于 Unity3D 的刮板输送机虚拟弯曲技术

在综采工作面，刮板输送机与底板实时耦合，会出现底板的起伏变化，而在采煤机进刀过程中，刮板输送机也会有 S 形弯曲段的出现。所以，每一段中部槽都可能与相邻的中部槽在两个方向均弯曲出一定角度，如何进行刮板输送机的虚拟弯曲也是一个关键技术。

2.5.1　模型构建与修补

以链环连接型刮板输送机为例进行分析，中部槽 n 的修补效果如图 2-14 所示，其中 n 为中部槽的序号，分别添加了前销轴 n、后销轴 n、销排销轴 n 左和销排销轴 n 右，主要是用来标记中部槽纵向和横向弯曲的功能，在图 2-14 中，前销轴 $n+1$ 和后销轴 $n+1$ 对应中部槽 $n+1$。

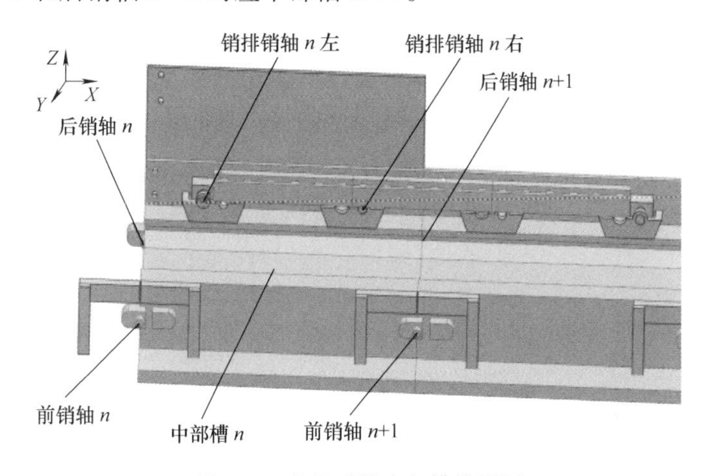

图 2-14　修补后的中部槽模型图

（1）在 Z 方向旋转：前销轴 n 和后销轴 n 标记中部槽 n 在弯曲过程中以前链环或者后链环为基点绕 Z 方向转轴进行旋转，前销轴 n 和后销轴 n 在 Y 方向的中心点为转轴，主要用于向煤壁侧推进。

（2）在 Y 方向旋转：前销轴 n 和后销轴 n 标记中部槽 n 在弯曲过程中以前链环或者后链环为基点绕 Y 轴进行旋转，主要用于底板不平整的情况，经过工作面底板与中部槽耦合关系的计算，可以自适应地铺设在底板上。

（3）销排销轴 n 左和销排销轴 n 右用来标记采煤机的行走路径，分别在中部槽 n 的两个销排座孔中。

2.5.2　刮板输送机虚拟弯曲技术

2.5.2.1　弯曲段形成过程分析及弯曲参数求解

刮板输送机各溜槽之间采用哑铃销或者套环等形式连接，每一段溜槽通过推移液压缸与液压支架相连。当采煤机前后滚筒截割完成前方煤层，液压支架的推移液压缸就会伸长把溜槽推向采空区，各溜槽之间就在哑铃销或者套环的连接下进行弯曲，随着各液压支架伸长长度的不同，各溜槽就可以形成两段长度相等，方向相反的对称弯曲段，简称 S 形。

而采煤机在斜切进刀时，也同样是要经过这样一个 S 形弯曲段才可以达到推进一个截深的目的。

《连续输送机械设计手册》（王鹰，中国铁道出版社，2001 年 5 月第一版，ISBN 7—113—04037—3/U-1108）和姜学云都给出了该弯曲区间长度的详细计算方法，其中后者的公式更具说服力，本实验室采煤机截深为 630mm，求出单边中部槽数目 $N=5$，所以弯曲段共有 $2N-1=9$ 段，反求相邻中部槽弯曲角度 α_a 精确值为 0. 967°，近似处理为 1°。

2. 5. 2. 2 虚拟弯曲及传递过程

图 2-15 所示为采煤机运行过程中随着采煤机位置发生变化逐个激活液压支架推移过程，从而逐步形成弯曲段的过程。中部槽 1 为机头或者机尾，在尚未开

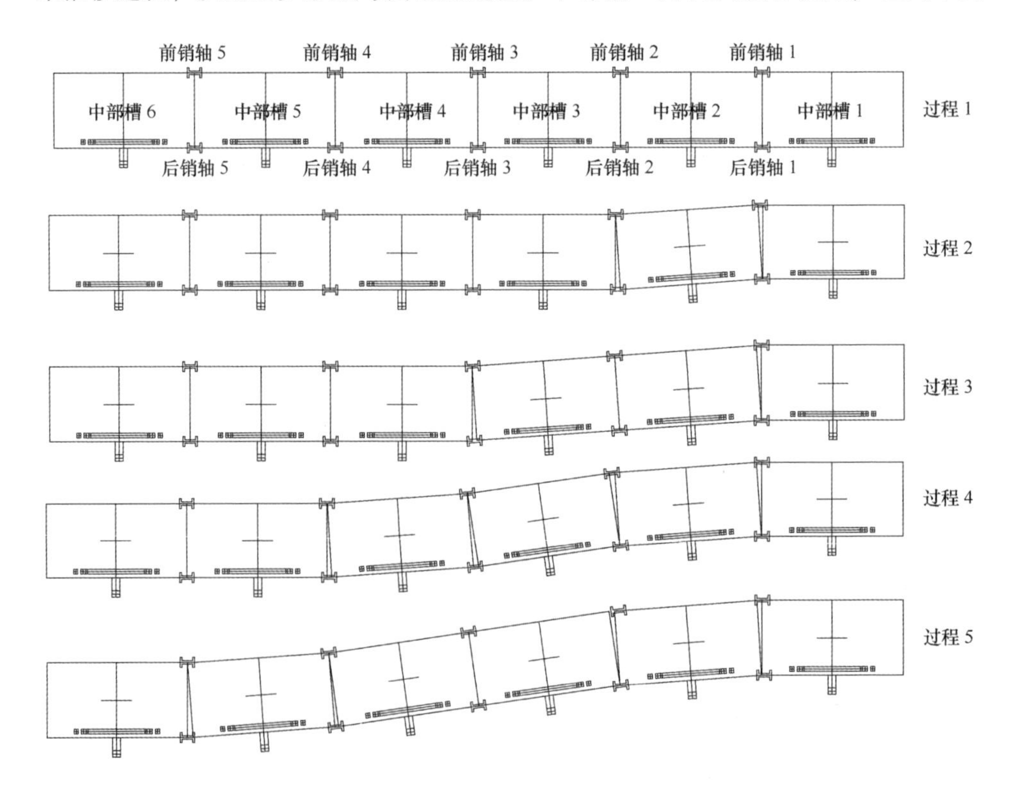

图 2-15　采煤机位置激活液压支架推溜过程中弯曲段的形成过程

始弯曲过程时，建立的初始父子关系如图 2-16 所示，首先需要在 Hierarchy 视图中建立层级关系，然后建立 GBJControl. cs 脚本，赋给底座物体，用 C# 语言对部件和部件变量进行定义，并将这些变量与部件建立一一对应关系。

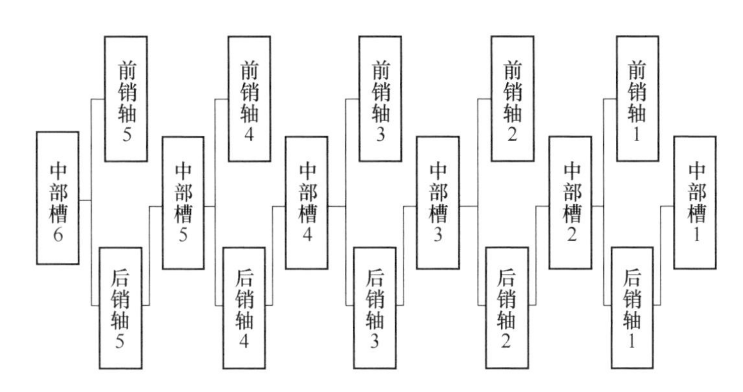

图 2-16　刮板输送机未开始弯曲时的初始父子关系图

设置中部槽最大弯曲角度 $\alpha_r=1°$，利用 localRotation 函数进行弯曲，第 i 个中部槽实际弯曲角度 $\alpha_{(i)}=0$，每帧开始增加 D_a，w 为中部槽弯曲状态的标记变量。

步骤如下所示：

当 $w \leqslant 10$ 时，为增加弯曲段段数阶段：

步骤 1：令 $w=1$。

步骤 2：$n=w$，采煤机运行激活中部槽 n 动作，后销轴 n 分离子物体，执行步骤 3。

步骤 3：设置中部槽 n 的父物体为前销轴 n，判断 n 为奇数还是偶数，n 为奇数时，执行步骤 4；n 为偶数时，执行步骤 5。

步骤 4：前销轴 n 和后销轴 $n-1$ 进行弯曲，旋转初始角度为 $\alpha_s=0°$，前销轴 n 旋转 α_s，后销轴 $n-1$ 旋转 $-\alpha_s$，每帧开始增加 D_a，执行步骤 6。

步骤 5：前销轴 n 和后销轴 $n-1$ 进行弯曲，旋转初始角度为 α_s，前销轴 n 旋转 α_s，后销轴 $n-1$ 旋转（$\alpha_r-\alpha_s$），每帧开始增加 D_a，执行步骤 6。

步骤 6：判断 $\alpha_s<\alpha_r$，满足条件继续执行步骤 3（或步骤 4），直到 $\alpha_{(1)}=\alpha_r$ 时，执行步骤 7。

步骤 7：此次弯曲结束，$w++1$，判断 w 是否大于 9，不满足条件，循环进行步骤 2；满足条件，循环结束。

直到 $w=10$，此时已有 9 段中部槽共同构成刮板输送机 S 形弯曲段，中部槽 2 ~ 中部槽 10 共 9 个部分形成整个弯曲段，弯出截深 630mm，弯曲段对称中心为中部槽 6 的中心；接着弯曲段开始向左传递，进入 S 形弯曲段传递阶段，图 2-17 所示弯曲段由中部槽 n 到中部槽 $n+8$ 段共同构成，图 2-17 所示为弯曲段传递到中部槽 $n+1$ 到中部槽 $n+9$ 段。在弯曲段传递过程中，需要进行以下几个步骤：

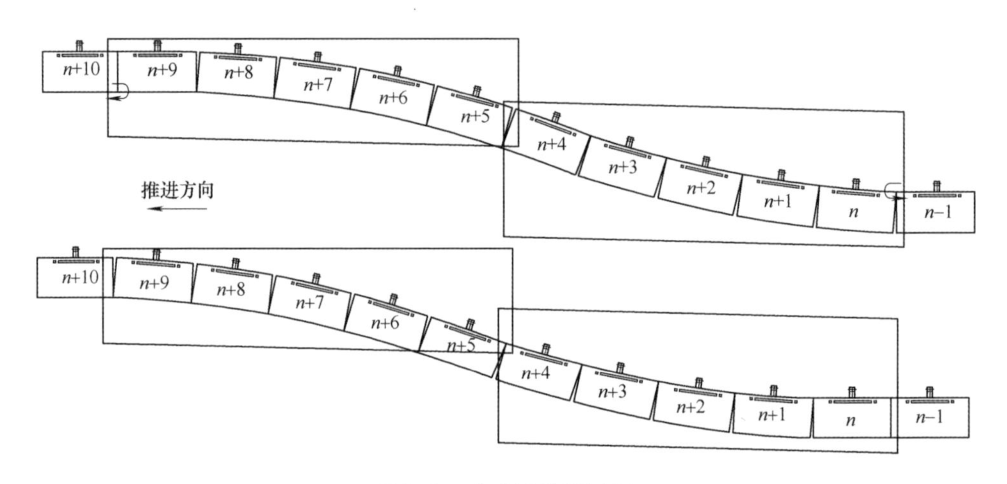

图 2-17　弯曲段传递过程

步骤 1：令 $w=10$。

步骤 2：弯曲传递过程初始化，将中部槽 $w-7$、$w-6$、$w-5$、$w-4$ 等段与原父物体分离、并设置与原有父子关系完全相反的父子关系，$w++1$，执行步骤 3。

步骤 3：$n=w$，采煤机运行且液压支架感知激活中部槽 n 动作，后销轴 n 分离子物体，执行步骤 4。

步骤 4：设置中部槽 n 的父物体为前销轴 n，前销轴 n 的父物体为中部槽 $n-1$，执行步骤 5。

步骤 5：前销轴 n 和前销轴 $n-1$ 弯曲，旋转角度 $\alpha_s=0°$，前销轴 n 旋转 α_s，后销轴 $n-1$ 旋转（$\alpha_r-\alpha_s$），每帧开始增加 D_a，执行步骤 6。

步骤 6：判断 $\alpha_s<\alpha_r$，满足则重复执行步骤 5，直到 $\alpha_{(1)}=\alpha_r$时，不满足则执行步骤 7。

步骤 7：此次弯曲结束，$w++1$，判断 w 是否小于等于刮板输送机整机弯曲的最后一段中部槽序号 Q，满足条件，则循环进行步骤 3；不满足条件，循环结束。

2.6　基于 Unity3D 的采煤机虚拟记忆截割方法

由于采煤机的仿真主要为左右摇臂与左右调高液压缸协同虚拟调高、虚拟行走等，在 Unity3D 软件中比较容易实现，因此不在此节专门进行采煤机姿态虚拟仿真的介绍。采煤机在行走时需要与刮板输送机形态实时进行耦合，现在采煤机记忆截割技术已经广泛应用，并已取得积极效果。为了截割出顶底板曲线，虚拟采煤机需具备与真实采煤机一样的记忆截割功能。

VR 技术可以构建出一个类似于全景的真实的综采工作面三维场景，模拟作业过程以及工艺设备的运行。如果能够建立一个与实际相一致的采煤机数字虚拟模型和能够反映采煤机运行特性的采煤机信息模型，并使两者相互融合，且遵循记忆截割按“示教—执行—修正—执行”的方式执行，则采煤机的记忆截割技术就可以在 VR 环境下进行快速测试。

2.6.1　虚拟记忆截割理论与方法

采煤机记忆截割的主要目的在于对采煤机在一个循环截割过程中关键信息的记忆，以及根据这些记录的关键信息能够复现出记忆过程中的截割状态与信息，并能根据地形趋势的实时变化，对前后滚筒高度进行实时补偿。

因此，要建立虚拟记忆截割方法，需要解决以下几个问题：

（1）地形底板及采煤机行走条件的设定。

（2）如何使虚拟采煤机能够按照真实机载控制器记录的状态信息进行虚拟信息的记录。

（3）虚拟采煤机在下一循环运行过程中，根据记录的信息以及选择的单刀与双刀记忆截割法，自动生成相对应的截割运行数据，并在运行过程中根据实时地形变化，进行高度补偿。

因此，采煤机虚拟记忆截割方法是在 Unity3D 环境下首先生成虚拟顶底板环境，然后虚拟刮板输送机铺设在虚拟底板上作为虚拟采煤机运行的轨道。在示范刀阶段，单击虚拟操纵按钮对虚拟采煤机进行操作，虚拟控制器实时对操作数据进行存储、分析与处理；在执行阶段，利用虚拟控制器记录与存储的信息，进行截割状态的复现，并根据虚拟传感器的信息，对截割高度进行实时补偿。总体研究思路如图 2-18 所示。

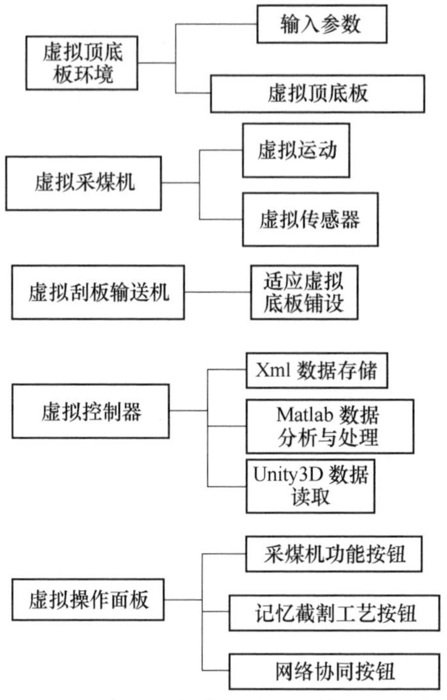

图 2-18 虚拟记忆截割方法总体研究思路

2.6.2 记忆截割数学模型

记忆截割主要分为双向示范记忆截割和单向示范记忆截割等模式。前者主要为记录信息的复现，后者需要根据单向示范行走的信息，求解出“执行”模式下的截割信息。

记忆截割需要重复使用已经存储的各种截割信息，包括工作面长度、牵引方向、牵引速度、左右滚筒位置、采煤机横向倾角、采煤机纵向倾角、采煤机的位置等，根据单向记忆截割的数学模型，在 Unity3D 中进行编译求解，如图 2-19 所示。

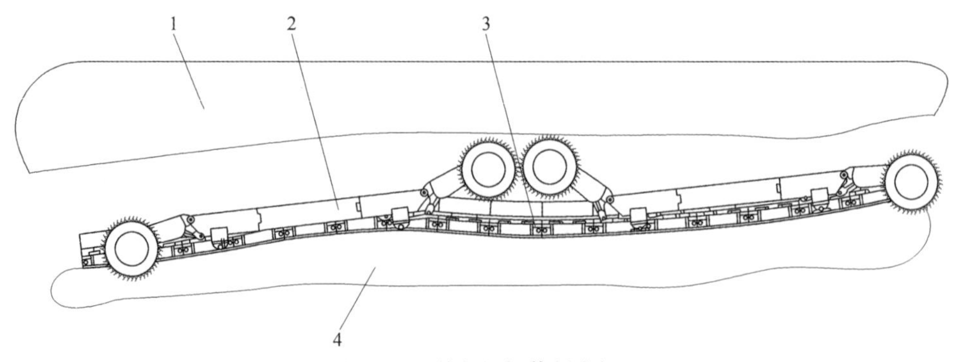

图 2-19 单向记忆截割求解

1—顶板 2—采煤机 3—刮板输送机 4—底板

2.6.3　实时虚拟采煤机滚筒高度补偿策略

采煤机记忆截割中的重要的一环是滚筒高度的良好控制，即在底板处于不同的角度时，滚筒是否可以调整至合适的高度以保证采煤机正常的截割工作。每刀截割时地形均会出现细微的变化，采煤机需要实时获取采煤机的横向倾角和纵向倾角，然后来对滚筒高度进行实时补偿。通过传感器测得机身的俯仰角或横滚角后，利用机身摇臂等一系列参数的几何关系，计算出机身处于不同倾角时，倾角与滚筒高度的关系。

图 2-20 所示为采煤机上下坡滚筒与机身倾角的关系。由于在实际工作面中坡度都是缓慢变化的，因此通过位于 B 点的传感器测出该点的倾角可作为整个机身的倾角。其中 H 为摇臂与机身铰接处距底板的距离，L 为摇臂长度，a 为机身长度，α 为摇臂与机身平面的夹角，β 为机身倾角，R 为滚筒半径。

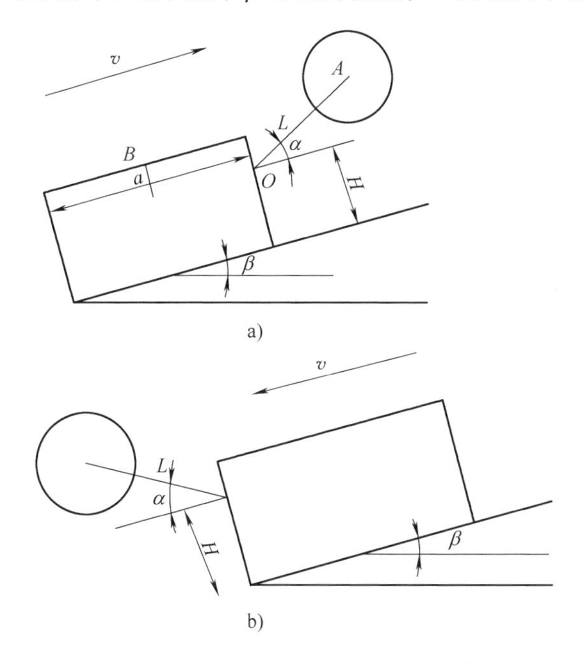

图 2-20　采煤机上下坡滚筒与机身倾角之间的关系

a）采煤机上坡示意图　b）采煤机下坡示意图

上坡、下坡情况下采煤机截割高度 H_1 和 H_2 分别为

$$H_1=\frac{H+L\sin\alpha}{\cos\beta}+(L\cos\alpha+a)\sin\beta-(H+L\sin\alpha)\tan\beta\sin\beta+R \tag{2-8}$$

$$H_2=\frac{H+L\sin\alpha}{\cos\beta}-L\cos\alpha\sin\beta+(H+L\sin\alpha)\tan\beta\sin\beta+R \tag{2-9}$$

图 2-21 所示为采煤机仰采与俯采滚筒与机身倾角的关系，其中，y 为滚筒宽度；b 为采煤机宽度；R 为滚筒半径；γ 为倾斜角度；OB 为摇臂投射于该平面的投影。

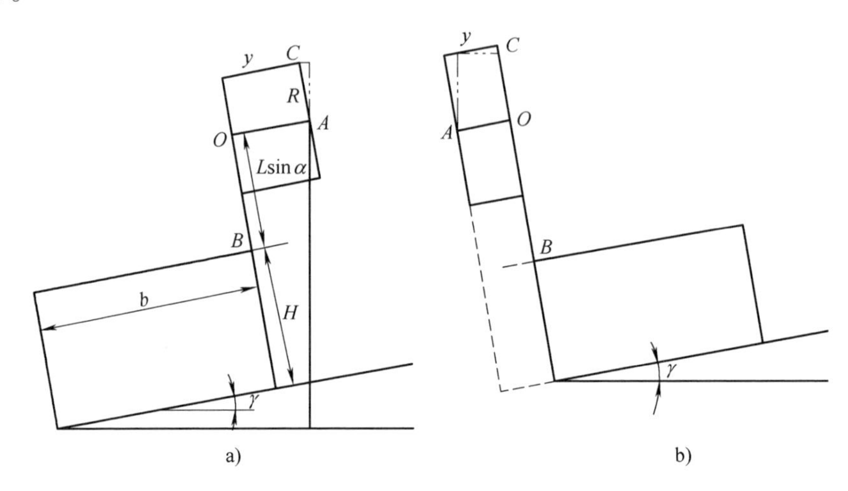

图 2-21　采煤机俯仰采滚筒与机身倾角之间的关系

a）采煤机仰采　b）采煤机俯采

仰采的截割高度 H_3 为

$$H_3=\frac{H+L\sin\alpha}{\cos\gamma}+(b+y)\sin\gamma-(H+L\sin\alpha)\tan\gamma\sin\gamma+R\cos\gamma+(H+L\sin\alpha)\tan\gamma\sin\gamma+R\cos\gamma \tag{2-10}$$

俯采的截割高度 H_4 为

$$H_4=(H+L\sin\alpha-y\tan\gamma)\cos\gamma+\frac{R}{\cos\gamma}+(y-R\tan\gamma)\sin\gamma \tag{2-11}$$

在实际情况中，机身可能同时处于上下坡与俯仰采的工况状态，因此，对于机身同时存在这两种情况的，有如下关系式：

上坡与仰采的截割高度 H_5 为

$$H_5=\frac{h_1}{\cos\gamma}+(b+y-H_1\tan\gamma)\sin\gamma+R\cos\gamma \tag{2-12}$$

其中，

$$h_1=\frac{H+L\sin\alpha}{\cos\beta}+(L\cos\alpha+a)\sin\beta-(H+L\sin\alpha)\tan\beta\sin\beta \tag{2-13}$$

下坡与仰采的截割高度 H_6 为

$$H_6=\frac{h_2}{\cos\gamma}+(b+y-H_1\tan\gamma)\sin\gamma+R\cos\gamma \tag{2-14}$$

其中，

$$h_2 = \frac{H + L\sin\alpha}{\cos\beta} - L\cos\alpha\sin\beta + (H + L\sin\alpha)\tan\beta\sin\beta \tag{2-15}$$

通过以上两个关系式可以看出，两种工况同时存在的情况下，可以利用单独工况的关系式进行组合，从而得出新的关系式。

通过几何关系式获得滚筒在不同情况下的高度之后，所得数值与采煤机处于同一平面时的数值之差即为采煤机滚筒需要调整的高度，通过计算也可求出摇臂需要调整的角度。

2.6.4　虚拟控制器

虚拟控制器主要具有数据存储、数据分析与处理和数据读取功能，总体功能如图 2-22 所示。

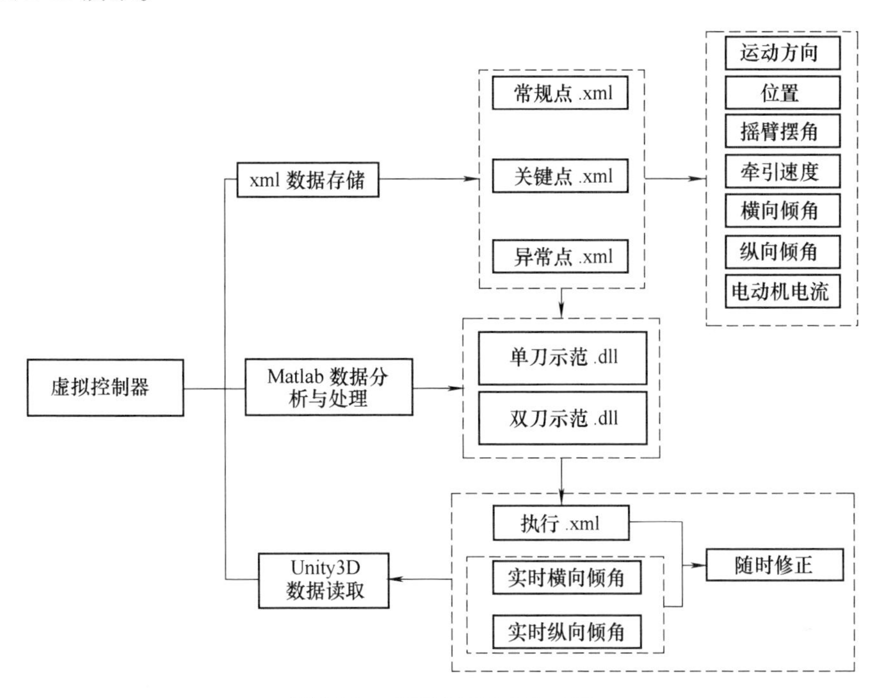

图 2-22　虚拟控制器总体功能

其中：数据存储模块是指在虚拟采煤机运行过程中，按照需求对安装的虚拟传感器的数据进行采集并存放入 xml 文件中。数据分为 3 类，分别为常规点、关键点和异常点。

常规点是指采煤机每行走一个中部槽的长度后自动采集一组虚拟传感器数据，储存进 changgui. xml 文件中。

关键点是指采煤机收到虚拟控制指令而改变自身工作姿态的点，在本系统中就是按下与松开虚拟采煤机操作面板功能按钮的两个时刻的虚拟传感器数据，储存进 guanjian. xml 文件中。

异常点是指当采煤机的左滚筒或右滚筒高度超过虚拟顶板或虚拟底板范围时，判定为虚拟采煤机电动机电流刚刚出现异常时的虚拟传感器数据，以及进行人工干预后，左滚筒或右滚筒高度回到虚拟顶板或虚拟底板范围电动机电流刚刚恢复正常时的虚拟传感器数据，储存进 yichang. xml 文件中。

数据分析与处理模块是指在 matlab 软件中编译好 dll 文件，用于整合数据存储模块采集的 3 个 xml 文件（changgui. xml、guanjian. xml 和 yichang. xml）中的数据，利用特定的算法进行整合和生成下一刀数据，并生成可供记忆截割模式下执行 . xml 文件中的虚拟传感器数据。比如分别选择单向示范和双向示范刀，会分别生成单刀示范 . dll 文件和双刀示范 . dll 文件，通过 Get_jyjg( ) 函数实现：

public void Get_jyjg(int jyjg_ID, float jyjg_Position, bool jyjg_Direction, float jyjg_Speed, float jyjg_ZuoRotAngle,float jyjg_YouRotAngle,float jyjg_HengXiangAngle,float jyjg_ZongXiangAngle,bool jyjg_DiJiDianLiu) { }

changgui. xml 数据结构如下所示：

< ROOT >

<jyjg jyjgID = "1" jyjgPosition = "43. 6856" jyjg_Direction = ”True” jyjgSpeed = "10" jyjgZuoRotAngle = "30" jyjg_HengXiangAngle = "5" jyjg_ZongXiangAngle = "2" jyjg_DianJiDianLiu = true/ >

< /ROOT >

其中各变量含义见表 2-6。

表 2-6　采煤机 xml 文件记录数据结构变量含义

序号	变　量　名	含　　义
1	jyjg jyjgID	信息点 ID
2	jyjgPosition	虚拟采煤机位置
3	jyjg_ Direction	虚拟采煤机牵引方向（true 为向左，false 为向右）
4	jyjgSpeed	虚拟采煤机牵引速度
5	jyjgZuoRotAngle	虚拟采煤机左摇臂转角
6	jyjgYouRotAngle	虚拟采煤机右摇臂转角
7	jyjg_HengXiangAngle	虚拟采煤机横向倾角
8	jyjg_ZongXiangAngle	虚拟采煤机纵向倾角
9	jyjg_DianJiDianLiu	虚拟采煤机电动机电流（true 为正常，滚筒未超过虚拟顶板或虚拟底板范围；false 为异常，滚筒超过虚拟顶板或虚拟底板范围）

guanjian. xml 和 yichang. xml 与 changgui. xml 数据结构一致，3 个 xml 文件均是通过 jyjgPosition 和 jyjg_Direction 唯一标识工艺点。

数据读取模块是指在记忆模式下，虚拟采煤机运行到相对应位置时读取数据分析与处理模块生成的执行 . xml 中对应的采煤机虚拟传感器数据，截割出人工示教时的形状。在这一模式中，采煤机会随着横向倾角和纵向倾角的改变而进行滚筒高度的补偿。

具体过程为：虚拟采煤机会预先读取到前面几个数值，进行插值等运算。利用 fixedupdate( ) 函数每帧检测位置与方向条件，如果符合条件，就把此时的位置信息点赋予虚拟采煤机的姿态信息，从而驱动采煤机按照预先轨迹运动。主要通过 LoadXml( ) 函数实现：

Void public LoadXml(int jyjg_ID, float jyjg_Position, booljyjg_Direction, float jyjg_Speed, float jyjg_ZuoRotAngle,float jyjg_YouRotAngle,float jyjg_HengXiangAngle, float jyjg_ZongXiangAngle,bool jyjg_DiJiDianLiu);

2.6.5　虚拟交互

虚拟交互主要完成虚拟采煤机的操作功能，虚拟操作面板功能分类如图 2-23

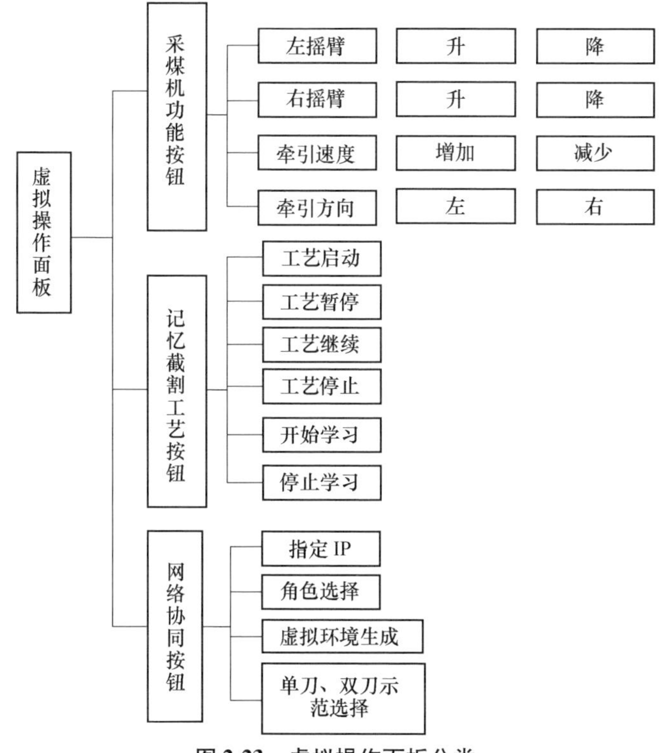

图 2-23　虚拟操作面板分类

所示。操作者可以通过 GUI 按钮，根据生成的顶底板曲线，对采煤机前后滚筒进行调整。运行过程中，虚拟控制器会实时记录相关记忆截割关键数据。

2.6.6 采煤机虚拟记忆截割界面

开发完成后，采煤机虚拟记忆截割界面如图 2-24 所示：

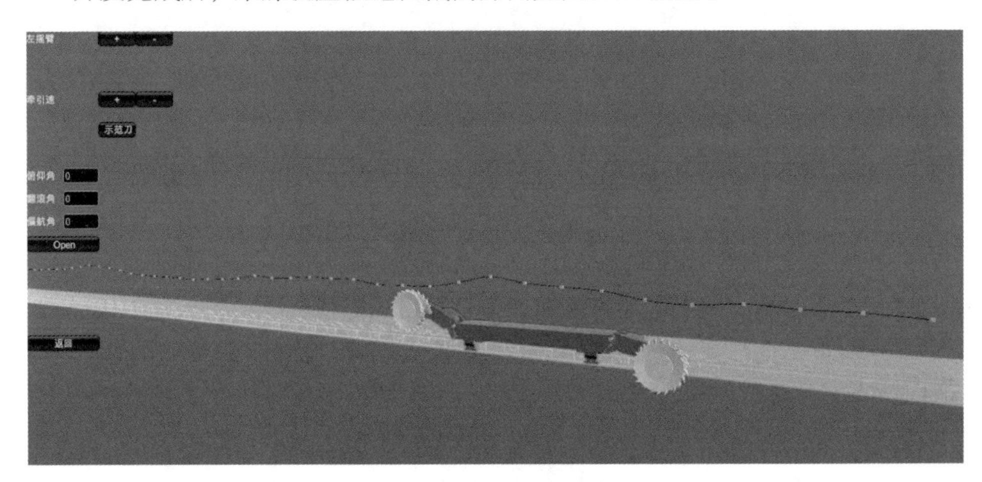

图 2-24 虚拟记忆截割界面

2.7 小结

本章针对综采工作面“三机”中的单机进行工况监测与虚拟仿真方法的研究。其中工况监测部分，针对采煤机、刮板输送机和液压支架单机进行实际工况姿态监测方法研究。利用建立的物理信息传感体系，找到了单机工况监测方法。而单机虚拟仿真方法则是在 Unity3D 环境下，进行与实际“三机”完全一致的虚拟“三机”的单机虚拟仿真方法的研究，包括姿态解析、模型构建与修补和虚拟行为的编译等研究，以及液压支架部件无缝联动方法以及虚拟手人机交互模式、刮板输送机的虚拟弯曲技术和采煤机虚拟记忆截割方法的研究。

第 3 章

VR 环境下综采工作面 “三机” 工况监测与仿真方法

3.1 引言

在上一章对单机工况监测与虚拟仿真方法研究的基础上，还需要对在井下实际工况条件下“三机”之间的姿态行为进行研究。综采工作面“三机”连接关系如图 3-1 所示，其中既包括物理“三机”姿态的行为与耦合关系，还包括“三机”在井下实际工况下协同运动的方法。利用虚拟仿真方法可以模拟很多情况，

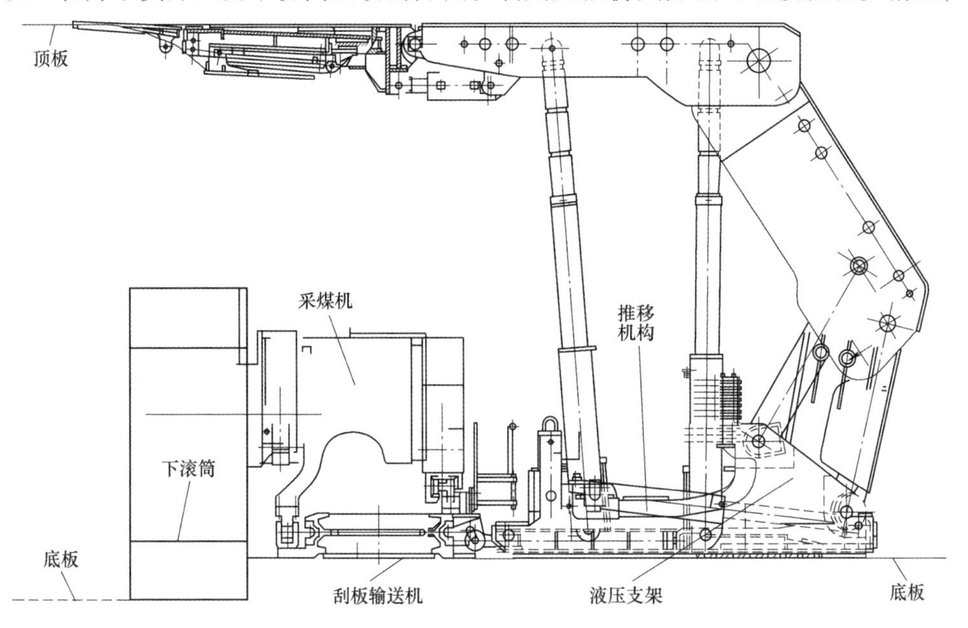

图 3-1　综采工作面“三机”连接关系

可以有效地支撑“三机”姿态监测方法，本章是在 VR 环境下将“三机”实际姿态行为的数学模型进行编译，编译的结果又可反向验证和支撑实际“三机”的工况监测方法。

具体研究的内容包括：在水平理想底板情况下的“三机”虚拟协同技术，采煤机和刮板输送机弯曲段进刀情况下的姿态行为耦合方法，复杂工况下采煤机和刮板输送机联合定位定姿方法以及群液压支架记忆姿态监测方法。针对每种方法都要编译一个相关的虚拟仿真软件。

通过本章的研究，希望可以对“三机”在井下实际工况条件下的连接关系有更加深入的认识，为综采工作面“三机”的可靠性监测提供理论方法和技术支持。

3.2 “三机”水平理想底板虚拟协同仿真

3.2.1 “三机”水平理想底板虚拟协同/感知方法

在水平理想底板情况下，实现“三机”虚拟协同自动化运行，是解决“三机”自动化的基础问题，要实现这个目的，主要需要解决以下几个关键技术：

（1）建立一套与实际“三机”完全一致的虚拟模型，具备真实“三机”运动的能力，这就需要利用模型构建与修补技术来对与真实物理模型相一致的虚拟模型的建立方法进行研究。详见 2.4 节和 2.5 节。

（2）刮板输送机的虚拟弯曲仿真：各中部槽在应该与之相连的液压支架推移液压缸的控制下协同完成刮板输送机的弯曲过程。详见第 2.5 节。

（3）采煤机沿着刮板输送机运行仿真：采煤机如何真实地沿着刮板输送机弯曲的形态进行左右牵引运动。

（4）采煤机在行走过程中，牵引速度受多因素影响，其中最主要的因素是液压支架的移架速度，而液压支架的移架动作也同时受周围其他液压支架动作的影响，主要以采煤机的定位为规则，清楚呈现和描述采煤机运行状态和液压支架群支护动作的相互感知与液压支架与相邻一定范围内的液压支架的感知关系，以保证整个虚拟“三机”运行正常。

3.2.2 采煤机虚拟行走关键技术

3.2.2.1 采煤机行走路径变化与分析

在刮板输送机弯曲过程中，将所有销排销轴（图 2-14）按照顺序依次连接，作为采煤机的虚拟运行轨迹，如图 3-2 所示。

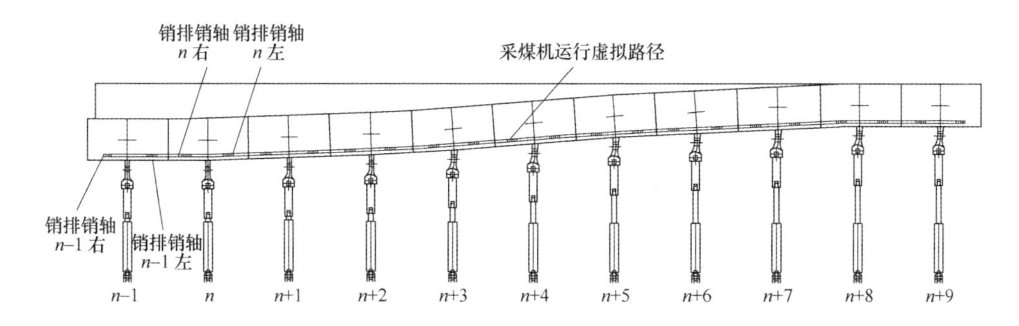

图 3-2 采煤机的虚拟运动轨迹

3.2.2.2 设置采煤机近似虚拟路径

每一个中部槽的对应销排销轴左和销排销轴右（图 2-14），均添加 Pathnode. cs 脚本，变为路点属性，每一个路点可以设置父路点和子路点，分别对应 m_p和 m_n，需要手动进行赋值，比如对中部槽 $n-1$、中部槽 n 和中部槽 $n+1$ 的路点进行赋值，见表 3-1。

表 3-1 路点的父子路点设置

路　　点	父路点（m_p）	子路点（m_n）
销排销轴 $n-1$ 左	销排销轴 $n-2$ 右	销排销轴 $n-1$ 右
销排销轴 $n-1$ 右	销排销轴 $n-1$ 左	销排销轴 n 左
销排销轴 n 左	销排销轴 $n-1$ 右	销排销轴 n 右
销排销轴 n 右	销排销轴 n 左	销排销轴 $n+1$ 左
销排销轴 $n+1$ 左	销排销轴 n 右	销排销轴 $n+1$ 右
销排销轴 $n+1$ 右	销排销轴 $n+1$ 左	销排销轴 $n+2$ 左

逐个赋予路点，利用命令 SetNext（PathNode node）设置每个路点的父子路点。在采煤机运行方向发生翻转时，要重新对各路点进行反向设置。

3.2.2.3 采煤机沿着虚拟路径行走的关键技术

在采煤机机身上添加 lujing. cs 脚本，并将当前路点 n_c设置为第一个路点（刮板输送机机头路点），采煤机会自动搜寻 2. 5. 2. 2 节设置好的采煤机运行虚拟路径进行移动。

初始对正：在采煤机最高等级模型的上一级建立一个虚拟父物体，此物体与路点物体大小一致，与初始路点的坐标在同一条直线上，才可以带动采煤机沿着虚拟路径进行运动，虚拟物体主要通过 RotateTo( ) 和 MoveTo( ) 两个函数控制采煤机运动。

RotateTo( )：表示采煤机拾取当前位置与第一个路点的角度进行修正；在工艺段进行转换时，需要将采煤机位置标记物体翻转 180°；

MoveTo()：表示沿着转向方向，采煤机进行牵引。

采煤机沿着虚拟路径行走的步骤如下所示：

步骤1：设置采煤机当前路点 n_c 为第一个路点，第二个路点为目标路点 n_t。

步骤2：每帧计算采煤机与下一路点之间朝向的角度。

步骤3：设置当前移动方向。

步骤4：每帧计算采煤机与下一路点之间的距离，沿着移动方向前进。

步骤5：直到距离小于1，清除当初路点，设置 n_c 为 n_t，n_t 为下一目标路点，重复步骤2～4，直到采煤机到达端头或端尾，结束步骤。

3.2.3 采煤机与液压支架相互感知技术

3.2.3.1 采煤机速度与群支架动作耦合策略

由于液压支架推溜动作速度比采煤机牵引速度和液压支架移架速度较快，因此只需做好采煤机牵引速度 V_c 与液压支架移架速度 V_y 的协同，即可对“三机”自动化运行关系进行较好把握。

其中：

$$V_y = \frac{D_{zj}}{t_1 + t_2 + t_3} \tag{3-1}$$

式中，t_1 为降柱时间；t_2 为移架时间；t_3 为推溜时间。本书利用液压支架脱离顶板200mm为例进行计算。

当 $V_c < V_y$ 时，支架可以按照跟机顺序移架方式运行，跟机效果较好，不会出现丢架、移架不到位等问题。在采煤机位置触发下一组支架跟机移架前，上一组支架已经完成自动跟机移架，可以满足综采工作面跟机移架工艺有序进行的要求。

当 $V_y < V_c < 2V_y$，支架跟机顺序移架方式已经无法满足支架追机要求，只有通过分段跟机移架或多架插架移架等方式，采用多架同时移架才能实现该目标。可以采用1、3、5架同时移架，再触发2、4、6架同时移架方式，大幅提升移架速度。

在运动过程中，需要实时检测采煤机速度与空顶距离，自行控制改变支架跟机移架方式，通过对采煤机速度检测，实现跟机智能移架方式的自动切换，以满足工作面追机护顶护帮的需要。

3.2.3.2 采煤机与液压支架感知

每一架液压支架均有 YyzzControl. cs 控制脚本，每台采煤机有 CmjControl. cs 控制脚本。采煤机和液压支架的感知主要是通过以下3个规则进行的：

（1）规则一：液压支架落后采煤机后滚筒两架时，开始降—移—升动作。

（2）规则二：液压支架落后采煤机10～15m时开始进行推溜。

（3）规则三：液压支架超前采煤机前滚筒前两架时开始进行收护帮动作。

每个液压支架实时获取采煤机前滚筒和后滚筒的位置。以在顺序移架方式下的动作进行分析：由于采煤机与液压支架的脚本不同，需要进行各脚本之间的交互以模拟虚拟物体之间的信息交互，通过 GameObject. Find（" 脚本所在物体名"）. GetComponent <脚本名>（）. 函数名（）实现。其感知过程如下：

（1）如果采煤机向左牵引，标记采煤机运动方向变量 $d_{(i)}$ 为 true，采煤机的前滚筒就是左滚筒，后滚筒就是右滚筒，此时采煤机向右牵引，反之亦然。

（2）设定好液压支架动作函数 $s_{(i)}$：$s_{(i)}=0$，推溜动作；$s_{(i)}=1$，收护帮动作；$s_{(i)}=2$，降柱动作；$s_{(i)}=3$，移架动作；$s_{(i)}=4$，升柱动作；$s_{(i)}=5$，伸出护帮动作。

（3）前滚筒与液压支架位置信息比较，满足规则三进行收护帮动作。

（4）后滚筒与液压支架位置信息比较，满足规则 1 进行降柱动作，同时将标记第 i 架是否完成移架任务，变量 $y_{(i)}$ 置为 true，激活移架变量，降柱完成后 $s_{(i)}$ 变为 3，代表进行移架动作，移架完成后，$s_{(i)}$ 变为 4，再进行升柱动作。

（5）后滚筒与底座信息比较，满足规则 2 就执行推溜动作。

（6）采煤机感知液压支架，如果液压支架跟机跟不上采煤机的牵引速度，导致空顶面积越来越大，当超过规定的液压支架后，采煤机会自行降低牵引速度，以使液压支架移架动作慢慢追上采煤机动作。

前面叙述的为顺序移架的方式，本系统设置选择工艺按钮，在不同的地质环境条件下，可以分别选择不同的移架方式。如果选择间隔交错移架方式，在当 $V_y < V_c < 2V_y$ 时，激活分段跟机移架或多架插架移架等方式，采用多架同时移架才能实现该目标。

3.2.4　液压支架与液压支架相互感知技术

液压支架需具备感知周围一定范围内的液压支架动作的能力。顺序移架时，在采煤机后滚筒位置已经激活液压支架相应动作时，液压支架还需感知前一架是否移架完毕，如果前一架仍然还在移架，则需等待前一架动作完成后，本架再开始移架动作。代码如下所示：

```
if ((HouGunTongWeiZhi-cmj. transform. position >2 * D_zj) && (GameObject. Find
(NextID(YyzzID)). GetComponent < YyzzFMS > (). State ==5)&&(YiJia == false))
{ State =2;YiJia = true;}
```

在多架同时移架时，需将液压支架感知范围扩大。比如同时移动两架时，需将液压支架感知范围设置为 3，就可以感知距离较远的液压支架。

3.2.5 液压支架与刮板输送机相互感知技术

液压支架与刮板输送机的相互感知主要为液压支架推移液压缸与中部槽之间的推移过程的虚拟仿真。

由于推移机构是一个可浮动性机构，具有一定的自由度，在推移过程中，推移杆会进行自适应弯曲，可以分别求出支架的推移液压缸销轴坐标，以及初始推拉孔销轴坐标，实时获取二者之间的坐标并进行运算，从而实时求出推移液压缸伸长长度等参数。具体计算过程见 3.3.5 节所示。

3.2.6 虚拟“三机”与采煤工艺耦合技术

不同的采煤方法，对综采工艺仿真影响不同，以端部斜切进刀双向割煤工艺为例进行分析：端部斜切进刀双向割煤工艺可以分为 3 个区间和 6 个阶段。

3 个区间：机头段、中部段、机尾段。

6 个阶段：机头斜切进刀、机头割三角煤、机头向机尾正常割煤、机尾斜切进刀、机尾割三角煤、机尾向机头正常割煤。

8 个参数：

C_1：采煤机前推刮板输送机的距离；C_2：采煤机后推刮板输送机的距离；P_1：前滚筒距中心距离；P_2：后滚筒距中心距离；Q：安全距离；W：弯曲段长度；M：工作面长度；A：端头支架长度。

机头部：保证斜切进刀时，端头液压支架到弯曲段的最后一个液压支架都完成移架和推溜动作。

参数解算：根据设置的参数，确定三个区间分别的范围，单位为架。

$M=100$；$A=3$；$P_1=3$；$P_2=5$；$C_1=(6-10)$；$C_2=(2-3)$；$Q=4$；$W=9$；

解算得到机头段和机尾段的长度为：$(2-3)+8+4+9+(6-10)+8=(38-42)$ 架。在 6 个阶段，利用 5.3.3.2 节中建立的规则，是有不同适用范围的。true 代表规则在此工艺段内适用，false 代表规则在此工艺段内不适用，见表 3-2。

表 3-2 规则使用度

工 艺 段	规 则 一	规 则 二	规 则 三
机头斜切进刀	true	true	true
机头割三角煤	false	false	true
机头向机尾正常割煤	true	true	true
机尾斜切进刀	true	true	true
机尾割三角煤	false	false	true
机尾向机头正常割煤	true	true	true

3.2.7　时间、单位一致原理

在Unity3D中使用Start( )和Update( )等函数进行程序编写。Update( )是在每次渲染新的一帧的时候才会调用，在不同计算机配置条件下，运行速度不一致；FixedUpdate( )是在固定的时间间隔执行，不受帧率的影响，因此选择使用FixedUpdate( )进行事件更新。

FixedUpdate的时间间隔可以在项目设置中更改，具体方法为依次单击Edit->Project Setting->time命令，在对话框中，找到Fixed timestep选项，进行数值设定。本节设置为0.2s。

Unity3D中的单位：实际1m = unity3D中10单位（实际unity3D中单位相当于dm）。以液压支架移架速度和采煤机牵引速度为例对时间单位一致原理进行说明，见表3-3。

表3-3　ZZ4000/18/38移架时间计算

降柱距离/mm	降柱时间/s	移架时间/s	升柱时间/s	总时间/s	对应 V_c/（m/min）
200	1.74	4.36	12.06	18.16	4.96
100	0.87	4.36	6.03	11.26	7.99

立柱升200mm时，后连杆倾角数值由51.4增加到57.2，增量delta设置为0.097。实际 V_c（m/min）与虚拟牵引速度QianYinSpeed的对应关系见表3-4，QianYinSpeed = $V_c/6$。

表3-4　实际牵引速度与虚拟牵引速度对应表

实际牵引速度/（m/min）	4.96	7.99	10	25（最大）	30
QianYinSpeed	0.828	1.332	1.67	4.167	5

现在最先进的采煤机的牵引速度30m/min，对应0.5m/s。

3.3　采煤机与刮板输送机进刀姿态耦合方法

针对刮板输送机在弯曲过程中应具有S形的良好姿态这一重要问题，研究了一种关键尺寸坐标解析法用于对弯曲段溜槽姿态进行解算。该方法修正并完善了现有弯曲段求解方法，可以精细求解弯曲段溜槽、销排以及每段溜槽对应的推移液压缸的伸缩长度，进而能对采煤机进刀时通过S形弯曲段过程中机身偏航角变化关系与行走轨迹进行研究。

3.3.1 总体方法与思路

通常针对弯曲段的研究主要是在采用假设弯曲段形态的前提下进行分析，而对刮板输送机弯曲段实际姿态的精确求解研究较少。运用这种假设求解方法不仅加剧了弯曲段动力学等问题的研究结果与实际情况的差异，而且对相关联的采煤机进刀轨迹和液压支架推移液压缸伸缩长度的控制也造成了误差。本节从刮板输送机与采煤机、液压支架的整体连接关系角度提出一种对弯曲段进行精确计算的方法。

刮板输送机溜槽包括中部槽、过渡槽和变线槽等，在本节中全部统称为溜槽。S 形弯曲段溜槽姿态协同求解方法，共分为以下几个步骤，如图 3-3 所示：

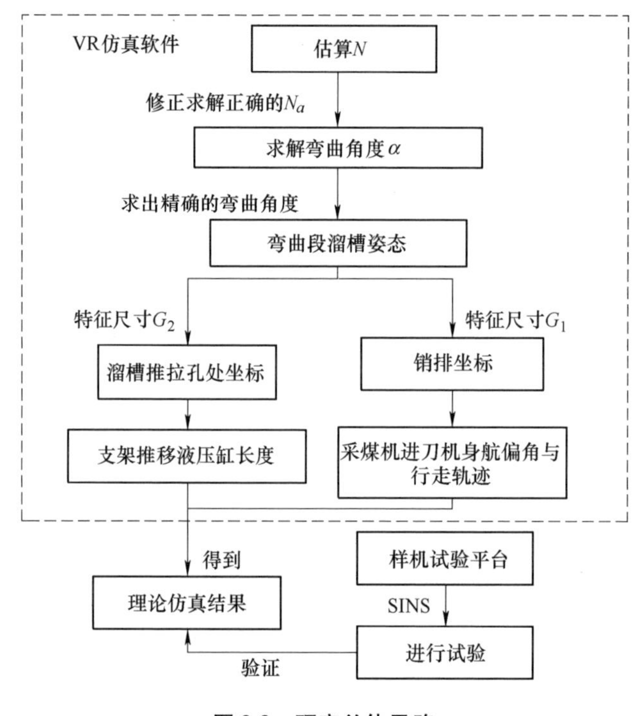

图 3-3 研究总体思路

（1）初选弯曲角度 α 值，估算单边弯曲长度及段数 N，并对 N 进行修正，确定精确的 N_a值（N 表示的是中部槽弯曲段的数量，前边的 n 表示的是在 N 段中部槽的具体序号，用于计算）。

（2）利用 N_a值，反推弯曲角度，求出精确的弯曲角度 α_a。

（3）对弯曲段溜槽的结构进行解算，对每段溜槽的姿态进行求解。

（4）确定销排销孔坐标，根据采煤机行走模型，确定采煤机进刀机身航偏角和行走轨迹。

（5）确定溜槽推拉孔坐标，根据液压支架推移液压缸解析模型，确定液压支架定量推溜方式。

（6）在 Unity3D 软件中，将步骤（1）—（5）方法编入 VR 规划软件，并预留接口，可以进行不同机身长度条件下和不同弯曲情况下的采煤机进刀姿态仿真。

（7）将 VR 规划软件进行仿真得到的采煤机进刀姿态理论曲线与实际利用捷联惯性导航系统 SINS 等传感器测得的采煤机进刀偏航角变化曲线进行对比，从而验证本方法的正确性。

3.3.2　弯曲段求解计算过程模型

3.3.2.1　弯曲段形成过程分析

刮板输送机各溜槽之间采用哑铃销或者套环等形式连接，每一段溜槽通过推移液压缸与液压支架相连。随着各液压支架伸长长度的不同，各溜槽就可以形成两段长度相等，方向相反的对称弯曲段。而在采煤机斜切进刀时，也同样是要经过这样一个弯曲段以达到推进一个截深的目的。

3.3.2.2　现有解法介绍及问题

在《连续输送机械设计手册》中和姜学云分别给出了该弯曲区间溜槽节数的详细计算方法，其中后者给出的方法更接近实际，计算公式如下所示：

$$N=\frac{1}{\alpha}\cos^{-1}\left[\cos\frac{1}{2}\alpha-\frac{(B+a)\sin\frac{1}{2}\alpha}{l+b}\right]-\frac{1}{2} \tag{3-2}$$

式中，α 为弯曲段对应的中心角，一般用弧度表示（rad）；B 为刮板输送机的推移步距；a 为中部槽宽度；l 为中部槽长度；b 为相邻中部槽之间夹角所对应的弦长，因 α 值很小，弦长和弧长可视为相等。

溜槽弯曲段修正距离计算如图 3-4 所示，在弯曲区间范围内的溜槽最大水平

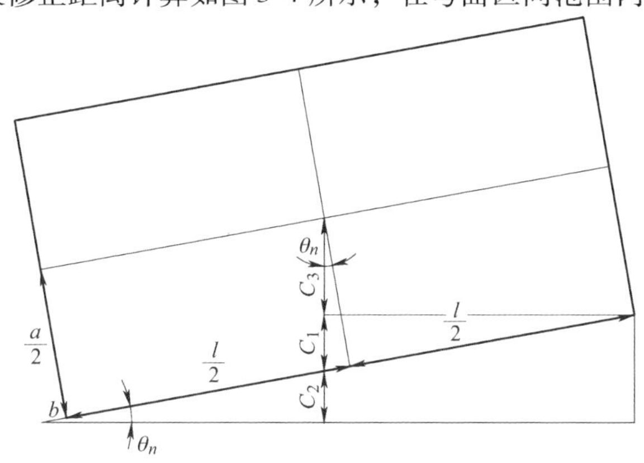

图 3-4　溜槽弯曲段修正距离

转角为 θ_n。这个公式忽略了 C_3（中板中心到中间溜槽接触点与纵向线之间的横向距离），这个距离在刮板输送机实际弯曲过程中不可忽略，因此需要对公式进行修正。

3.3.2.3 弯曲段求解修正计算模型

设 θ_n 为单边出现的第 n 个弯曲段溜槽与煤壁线的夹角。可得 $\theta_1 = \alpha$，$\theta_2 = 2\alpha \cdots \theta_n = n\alpha$，由对称性及受力分析可知，当弯曲段溜槽总数为奇数时，弯曲段的溜槽节数为第 $2N-1$ 个溜槽，对称中心为第 N 个溜槽中板中心（图 3-5）。

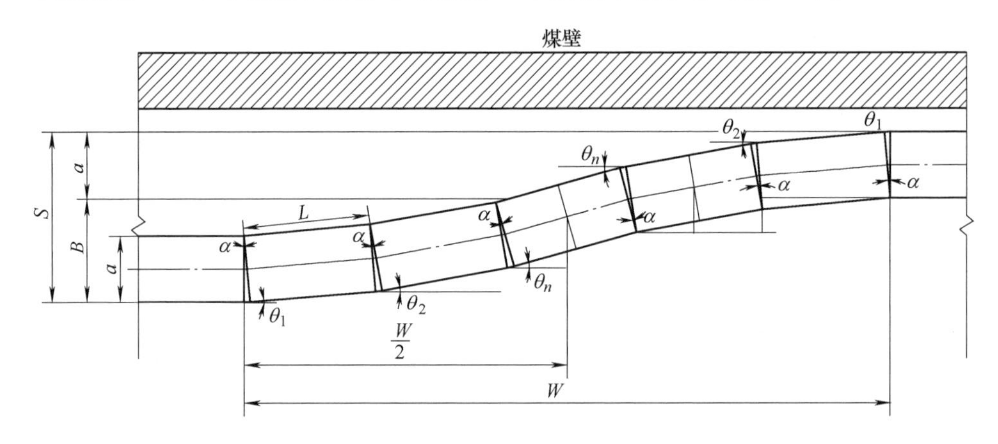

图 3-5　奇数段计算示意图

经过整理可求得单边弯曲段溜槽节数 N：

$$N = \frac{1}{\alpha}\cos^{-1}\left[\cos\frac{1}{2}\alpha - \frac{(B + a - a\cos N\alpha + L\sin N\alpha)\sin\frac{1}{2}\alpha}{L + b}\right] - \frac{1}{2} \tag{3-3}$$

3.3.2.4 N_a 值的确定

N_a 为精确的弯曲对称区间中的单边中部槽节数，根据以下原则确定：

（1）如果选取 α 度数较小，N_a 可以选小于 N 的最大正整数。

（2）如果选取 α 度数较大，N_a 可以选大于 N 的最小正整数。

但是，在计算弯曲段中心坐标的时候，中心点的 Y 坐标在某种情况下会超过第 N_a 段溜槽中心的 Y 坐标，需要进一步进行修正。

3.3.2.5 精确弯曲角度的确定

把 N_a 值代入下式，其中 S 为刮板输送机一次推移步距，可以求出精确弯曲角度 α_a。

$$S = 2(L + b)\sum \sin N_a\alpha_a + a\cos N_a\alpha_a - L\sin N_a\alpha_a \tag{3-4}$$

3.3.3　弯曲段溜槽姿态求解

假设底板平整，不存在纵向弯曲，此时只需求出溜槽中板中心坐标以及溜槽偏转角度，就可以唯一确定溜槽的姿态。

3.3.3.1　溜槽姿态解算

以采煤机从右到左方向截割为例，选取各弯曲段溜槽的中板中心为各溜槽中心，设即将进入而还未进入推溜状态的溜槽（图 3-5 中靠左第一个溜槽）的右下顶点为坐标原点，如图 3-4 所示。则弯曲段的第 i 个溜槽（弯曲段最左边第一个溜槽编号为 1）的姿态可以表示为(X_i, Y_i, θ_i)。

其中 3 个变量均可以表示成如下分段函数形式：

$$X_i = \begin{cases} \left(b + \dfrac{L}{2}\right)\cos\theta_i - \dfrac{a\sin\theta_i}{2} & i = 1 \\ \sum\limits_{j=1}^{i-1}(L+b)\cos\theta_j + \left(b + \dfrac{L}{2}\right)\cos\theta_i - \dfrac{a\sin\theta_i}{2} & 2 \leqslant i \leqslant N \\ \sum\limits_{j=1}^{N}(L+b)\cos\theta_j + \dfrac{L}{2}\cos\theta_i - \dfrac{a\sin\theta_i}{2} & i = N+1 \\ \sum\limits_{j=1}^{N}(L+b)\cos\theta_j + \sum\limits_{j=N+1}^{i-1}L\cos\theta_j + \dfrac{L}{2}\cos\theta_i - \dfrac{a\sin\theta_i}{2} & N+1 < i \leqslant 2N-1 \end{cases} \tag{3-5}$$

$$Y_i = \begin{cases} \left(b + \dfrac{L}{2}\right)\sin\theta_i + \dfrac{a\cos\theta_i}{2} & i = 1 \\ \sum\limits_{j=1}^{i-1}(L+b)\sin\theta_j + \left(b + \dfrac{L}{2}\right)\sin\theta_i + \dfrac{a\cos\theta_i}{2} & 2 \leqslant i \leqslant N \\ \sum\limits_{j=1}^{N}(L+b)\sin\theta_j + \dfrac{L}{2}\sin\theta_i + \dfrac{a\cos\theta_i}{2} & i = N+1 \\ \sum\limits_{j=1}^{N}(L+b)\sin\theta_j + \sum\limits_{j=N+1}^{i-1}L\sin\theta_j + \dfrac{L}{2}\sin\theta_i + \dfrac{a\cos\theta_i}{2} & N+1 < i \leqslant 2N-1 \end{cases} \tag{3-6}$$

$$\theta_i = \begin{cases} 0 & i \leqslant 0 \\ i\alpha & 0 < i \leqslant N_a \\ (2N_a - n)\alpha & N_a < i \leqslant 2N_a - 1 \\ 0 & 2N_a - 1 < i \end{cases} \tag{3-7}$$

3.3.3.2 中部槽结构解算

如图3-6为溜槽坐标解算图，选取溜槽中板中心为溜槽中心点。图中：

G_1：溜槽中心线到销排中心线的水平距离；G_2：溜槽中心线到溜槽推拉孔中心线水平距离；L_{g1}：溜槽中心线到溜槽中间销排轴孔中心线的距离；L_{g2}：溜槽中心线到溜槽连接销排轴孔中心线的距离；

分析可知：

$$L_{g2}=\frac{L}{2}-L_{g1}。$$

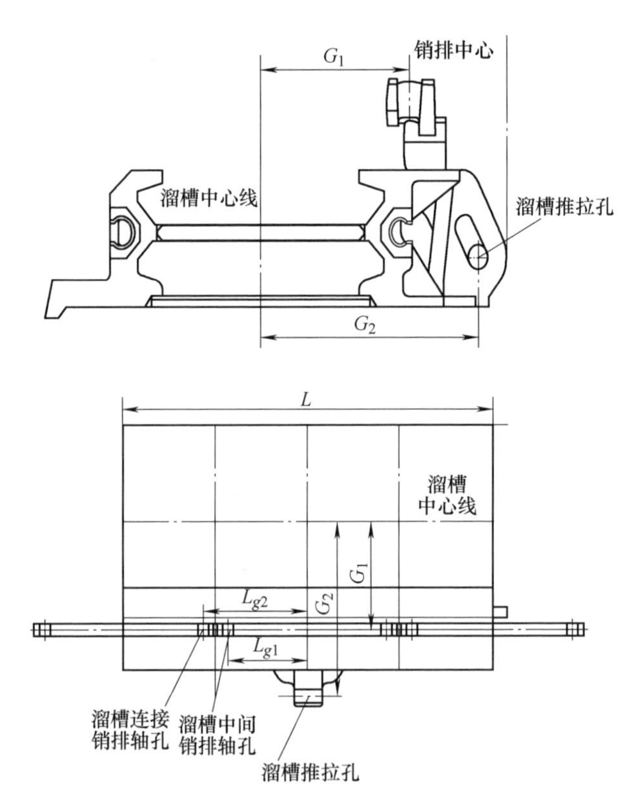

图3-6 溜槽坐标解算图

3.3.4 采煤机行走路径更新与解算

3.3.4.1 采煤机行走模型

采煤机依靠牵引部行走轮与连接在溜槽上的销排啮合进行行走。采煤机牵引部行走轮与销排啮合类似齿轮齿条原理，两者之间有导向套进行导向，其中导向套导向宽度 > 销排外宽 > 销排齿的宽度 > 行走轮的宽度，这样使整个前后行走轮可以适应销排具有微小弯曲的行走轨道而安全平稳前进。

3.3.4.2　溜槽销排坐标解析

销排分为溜槽中间销排和溜槽连接销排（图 3-6），均通过左右两个销轴与溜槽销排底座连接。中间销排随着溜槽整体进行运动，与各溜槽中心相对位置保持不变，而连接销排会随着相邻两溜槽的弯曲程度而发生相应变化。

经过计算，共有 $4N_a-1$ 个销排，其中包括 $2N_a-1$ 个中间销排和 $2N_a$ 个连接销排。

可以通过分别求得各轴孔坐标，然后进行拟合，进而得到销排曲线。

其中，溜槽中间销排右侧轴孔坐标为

$$\left[X_i+\sqrt{(L_{g1})^2+(G_1)^2}\sin\left(\arctan\frac{L_{g1}}{G_1}+\theta_i\right),Y_i-\sqrt{(L_{g1})^2+(G_1)^2}\cos\left(\arctan\frac{L_{g1}}{G_1}+\theta_i\right)\right]$$

溜槽中间销排左侧轴孔坐标、溜槽连接中间销排左侧轴孔坐标和溜槽连接销排右侧轴孔坐标均可表示为上式的类似形式，在此不做赘述。

3.3.4.3　溜槽销排方程解析

中间销排弯曲角度：

$$\theta_{Mi}=\theta_i \tag{3-8}$$

连接销排弯曲角度：

$$\theta_{Ci}=\frac{\theta_i+\theta_{i-1}}{2} \tag{3-9}$$

结合每个轴孔坐标，就可以表示出销排的曲线方程。

3.3.4.4　采煤机进刀航偏角计算方法

得出销排曲线方程后，需要对采煤机在进刀过程中机身的航偏角进行研究。采煤机进刀过程中主要受两个行走轮和导向滑靴与销排轨迹的耦合作用，进而引起采煤机机身偏航角角度发生的变化，如图 3-7 所示。

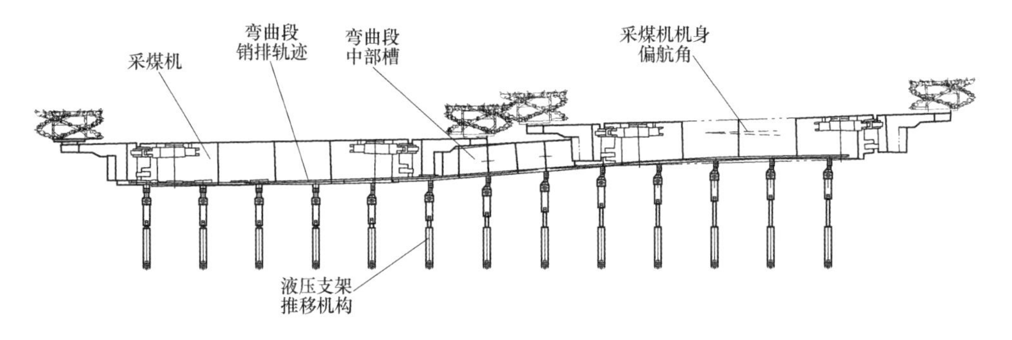

图 3-7　采煤机进刀偏航角变化情况

以左行走轮位置为采煤机特征点位置，然后根据机身长度在销排轨迹上寻找右行走轮位置，左右行走轮位置连接起来与横向线的夹角就是采煤机偏航角 Ψ_{js}，采煤机偏航角与相对应左右行走轮所处销排的角度差分别就是采煤机行走轮与销排角度差，如下式可以得出：

$$\psi_{js}=\tan\frac{Y_{A_2}-Y_{A_1}}{X_{A_2}-X_{A_1}} \tag{3-10}$$

其中 A_1 点和 A_2 点分别是左行走轮和右行走轮的关键点。

根据某一系列与所仿真型号刮板输送机匹配的采煤机的机身长度，分别进行理论研究。采煤机的机身长度依次为 4500mm、4900mm、5327mm、5800mm 和 6300mm。

在 Unity3D 中，将本节算法编入后台程序中，生成一个采煤机偏航角与刮板输送机形态耦合 VR 规划软件。进行编译并发布后，分别改变机身长度进行虚拟仿真，并实时把过程数据输出到 xml 文件中，再进行数据分析。虚拟 VR 规划软件界面如图 3-8 所示，得到的仿真结果如图 3-9 所示。

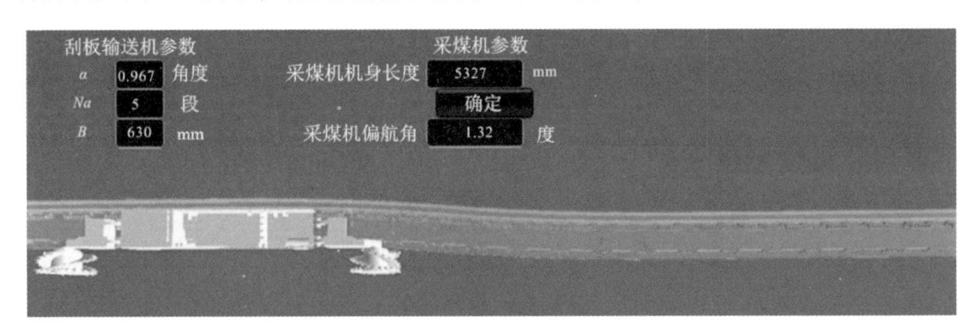

图 3-8　虚拟 VR 规化软件界面

由仿真结果可知：

（1）在相同的刮板输送机 S 形形态条件下，随着采煤机机身长度的增加，采煤机最大偏航角数值也越大。

（2）以采煤机左行走轮作为采煤机位置定位点，在前半个周期，在相同的刮板输送机 S 形形态条件下，每当采煤机处在刮板输送机相同位置时，机身长度越大的采煤机，对应的航偏角越大；后半个周期则相反。

（3）通过判断左右行走轮与销排轨迹之间的相对角度来判定受力情况恶劣程度。相对角度越大，则受力情况越恶劣；相对角度越小，受力情况越正常。相对角度变化趋势如图 3-10 所示，可以看到，左行走轮的轨迹在坐标为 0mm 以前与采煤机航偏角重合，右行走轮在 8500mm 后与采煤机航偏角重合。原因是此两

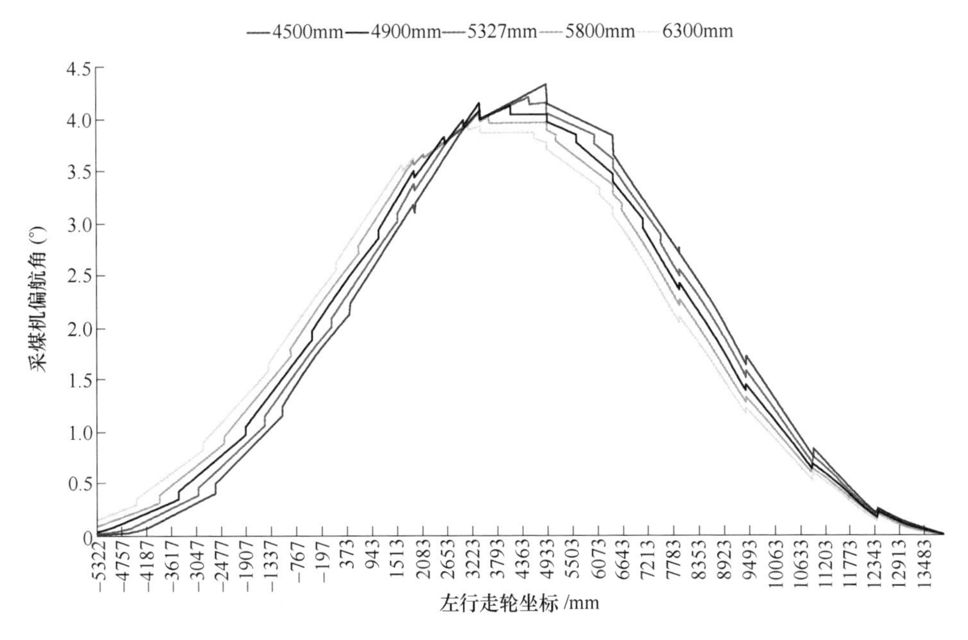

图 3-9 不同机身长度下采煤机斜切进刀偏航角度

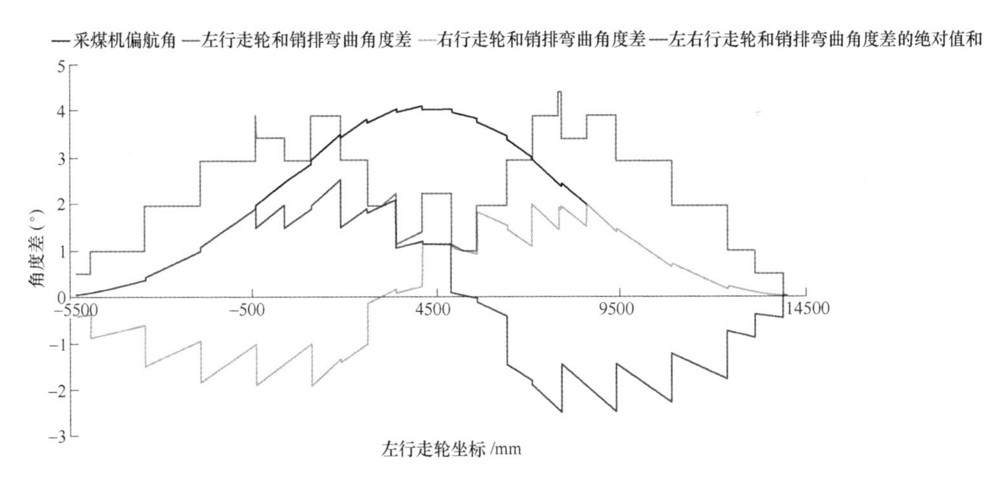

图 3-10 左右行走轮与销排轨迹之间的相对角度变化趋势

个阶段是左行走轮未进入S形弯曲段阶段和右行走轮已经退出S形弯曲段阶段，在此两阶段中，左右行走轮所处位置的销排弯曲角度为0°。

（4）以两个行走轮的综合效果来看，受力趋势为前半段逐渐增大，到中间部分时又有小幅下降，后半部分又重新上升，最后又随着采煤机的运行逐渐下降。

3.3.5 液压支架推移液压缸伸长长度计算

液压支架推移液压缸通过框架式连杆和连接块与溜槽推拉孔进行连接，所以可以通过对溜槽推拉孔坐标的解析，进而对支架推移液压缸伸长长度进行求解。

3.3.5.1 溜槽推拉孔坐标解析

由3.3.3.2节可求得弯曲后第 i 段溜槽推拉孔坐标：$(X_i + G_2\sin\theta_i,\ Y_i - G_2\cos\theta_i)$。

弯曲前第 i 段溜槽推拉孔坐标：$\left(\frac{2i-1}{2}L,\ \frac{a}{2} - G_2\right)$。

3.3.5.2 液压支架推移液压缸解析模型

以正拉式短推移杆分析为例，计算图如图3-11所示。

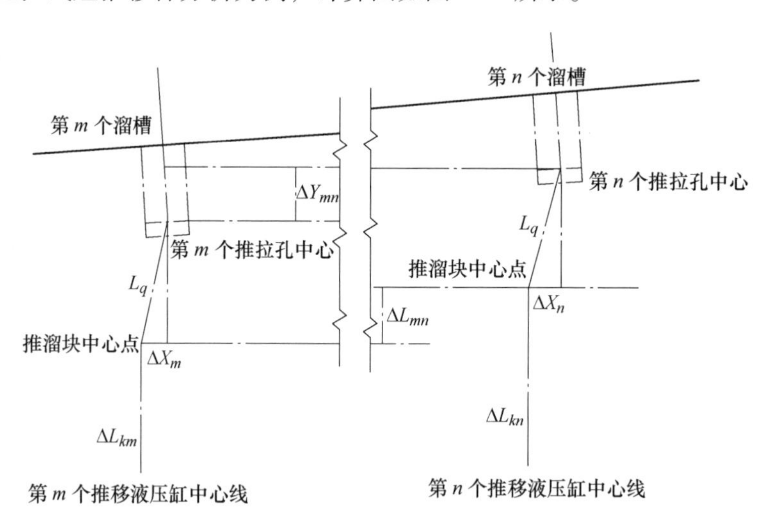

图3-11 推移液压缸伸长计算图

弯曲后第 i 段溜槽推拉孔坐标与弯曲前第 i 段溜槽推拉孔坐标差可以通过下式计算：

$$(\Delta X_i, \Delta Y_i) = \left[X_i + G_2\sin\theta_i - \frac{2i-1}{2}L, Y_i + G_2(1-\cos\theta_i) - \frac{a}{2}\right] \qquad (3\text{-}11)$$

弯曲后第 m 段溜槽推拉孔坐标与第 n 段溜槽推拉孔坐标差可以通过下式计算：

$$(\Delta X_{mn}, \Delta Y_{mn}) = (X_n - X_m, Y_n - Y_m) \qquad (3\text{-}12)$$

定义 L_q 为液压支架推溜块长度，L_{ki} 为第 i 个液压支架推移框架与活塞杆长度和。假设液压支架推移框架与活塞杆只能沿着液压支架底座滑槽直线运动，则第

n 段相对于第 m 段推移液压缸伸长长度可以表示为

$$\Delta L_{mn} = L_{kn} - L_{km} = \sqrt{L_q^{\ 2} - \Delta X_m^{\ 2}} - \sqrt{L_q^{\ 2} - \Delta X_n^{\ 2}} + \Delta Y_{mn} \tag{3-13}$$

3.3.5.3　定量推溜方式

现在的大部分定量推溜方式为第 i 架推移 $i/(2N-1)$ 个行程，假设弯曲段为 9 段组成，则推溜长度依次为：弯曲的第 1 段推溜 1/9 行程，第 2 段推溜 2/9 行程；……

但是在实际推溜过程中，并不是严格地按照此种模式进行推移，还需要运用本节方法进行计算并修正，才可以使刮板输送机弯曲段形态更加合理。

表 3-5 为液压支架推溜长度计算表。

表 3-5　液压支架推溜长度计算　　（单位：mm）

第 i 编号	液压缸伸长长度（相对于第 0 段）	理论伸长长度	差　值
0	—	0	0
1	13.88	70	-56.12
2	53.11	140	-86.89
3	119.29	210	-90.71
4	211.62	280	-68.38
5	329.75	350	-20.25
6	441.93	420	21.93
7	529.28	490	39.28
8	591.81	560	31.81
9	629.14	630	-0.86
10	635.15	630	5.15

注：0 号溜槽为此时即将进入但尚未进入弯曲段的第一个溜槽；1 ~ 9 号溜槽为弯曲段溜槽编号；10 号溜槽为刚刚推出弯曲段的第一个溜槽。

3.4　采煤机和刮板输送机联合定位定姿方法

在当前综采工作面底板不平整的工况条件下，关于采煤机与刮板输送机定位定姿的问题，大多数研究均是在假设比较理想的情况下进行的，并没有充分考虑采煤机与刮板输送机之间的姿态耦合关系。本节针对目前大多数研究存在的问题，提出了一种采煤机与刮板输送机联合定位定姿方法。

3.4.1 总体方法与思路

3.4.1.1 采煤机和刮板输送机的连接关系

如图 3-12 所示，采煤机在可弯曲式刮板输送机上行走。在采煤机运行过程中，左右导向滑靴分别与中部槽的铲煤板接触，左右行走轮分别与中部槽的销排进行啮合，这两种接触条件共同决定采煤机与刮板输送机的运行状态，因此，有必要分析这两种接触连接关系。

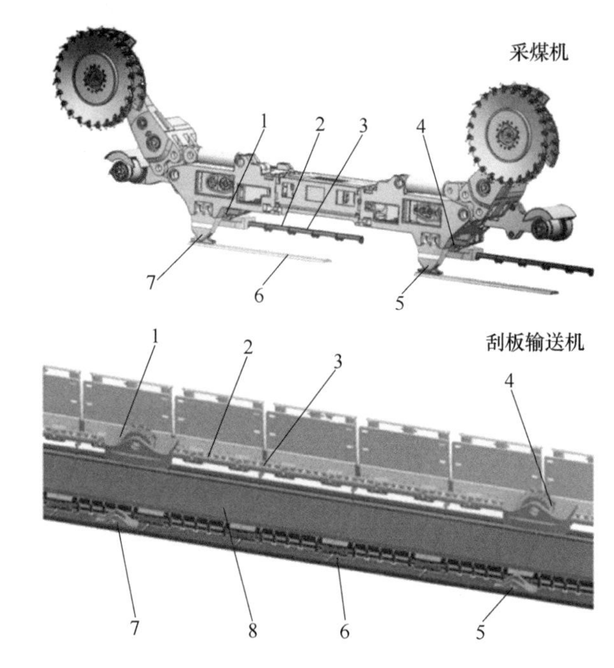

图 3-12 采煤机和刮板输送机的相关连接关系

1—左行走轮 2—中间销排 3—连接销排 4—右行走轮 5—左支撑滑靴
6—铲煤板 7—右支撑滑靴 8—中部槽

其中：销排分为溜槽中间销排和溜槽连接销排，均通过左右两个销轴与溜槽销排底座连接。中间销排随着溜槽整体进行运动，与溜槽中心相对位置保持不变，而连接销排会随着相邻两溜槽的弯曲程度而发生相应变化。

3.4.1.2 传感器的整体布置方案

传感器的布置方案如图 3-13 所示。每节中部槽上均通过双轴倾角传感器与 SINS 捷联惯性导航系统对各中部槽的实时横向倾角和纵向倾角进行标记，实时检测左右行走轮与销排的连接和左右支撑滑靴与铲煤板的连接，其中左右支撑滑靴与铲煤板的连接需要根据刮板输送机形态进行旋转，从而影响机身的俯仰角。

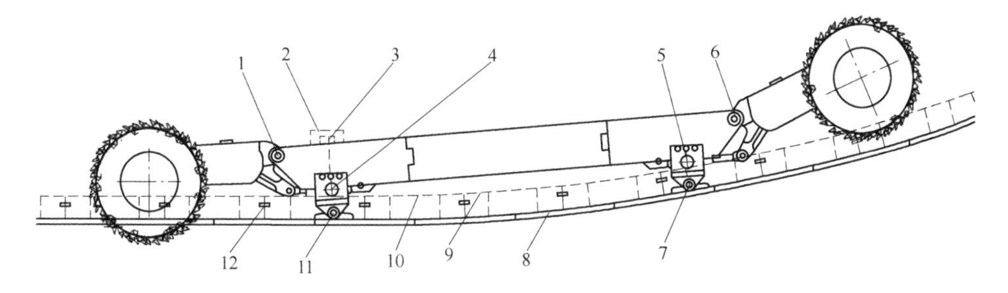

图 3-13　采煤机与刮板输送机连接及传感器布置示意图

1—左摇臂旋转销轴点（关键点 E_1）　2—采煤机机身双轴倾角传感器　3—SINS 捷联惯性导航系统　4—左行走轮关键点（关键点 D_1）　5—右行走轮关键点（关键点 D_2）　6—右摇臂旋转销轴点（关键点 E_2）　7—右支撑滑靴（关键点 O_2）　8—铲煤板　9—中间销排　10—连接销排　11—左支撑滑靴（关键点 O_1）　12—每段中部槽上安装的双轴倾角传感器

3.4.1.3　整体研究思路

本节研究在各种复杂工况条件下采煤机和刮板输送机的连接耦合关系。首先进行理论分析与计算，并且进行相关 VR 规划软件的编译，然后在采煤机运行过程中实时利用在两种设备上安装的传感器进行测量。总体研究思路如图 3-14 所示。

（1）利用双轴倾角传感器和 SINS 捷联惯性导航系统，实时获取各中部槽的横向倾角和纵向倾角，求解刮板输送机当前的形态函数。

（2）利用中部槽结构解析结果，求解刮板输送机铲煤板的形态函数和销排的形态函数。

（3）利用采煤机结构解析的结果，以左导向滑靴位置为采煤机定位特征位置，采煤机在刮板输送机运行过程中，在每一台采煤机的运行位置，均判断左两个支撑滑靴与铲煤板之间的接触特征（全接触、半接触和悬空 3 种状态），进行结构结算，求解出左支撑滑靴的旋转关键点。

（4）利用求得的左支撑滑靴的旋转关键点，采用穷举法求解右支撑滑靴的旋转关键点。

（5）连接两个支撑滑靴关键点，求解机身俯仰角和两个支撑滑靴旋转角度。

（6）利用两个支撑滑靴关键点求解两个左右导向轮关键点，利用左右导向轮与销排之间的啮合轨迹来验证机身俯仰角。

（7）将以上（1）~（6）过程编入 VR 规划软件，将测得的刮板输送机倾角输入到软件中进行仿真分析，求解出采煤机在此刮板输送机形态上运行的机身俯

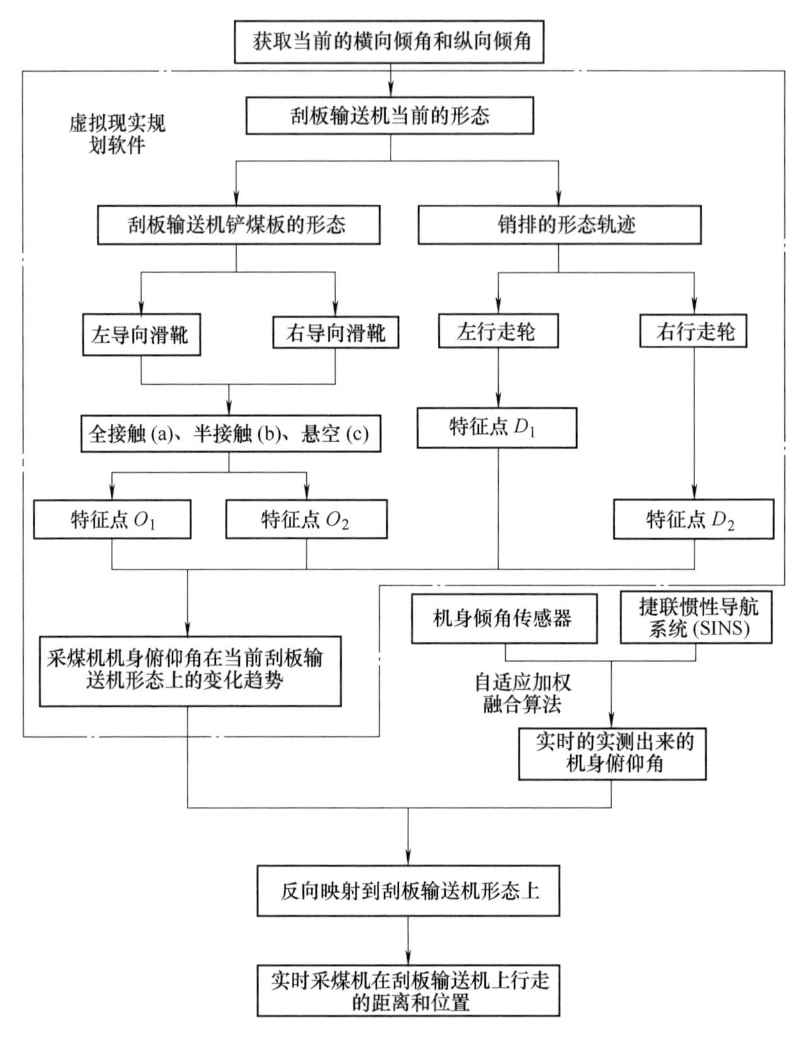

图 3-14　总体研究思路

仰角变化趋势。

（8）把（7）作为先验知识，在实际采煤机运行过程中经机身倾角传感器和 SINS 实时将经过自适应加权融合算法得到的机身俯仰角反向映射到刮板输送机形态上，利用标记策略，从而得出采煤机在刮板输送机上的行走距离和位置。

3.4.2　单机定位定姿方法

采煤机和刮板输送机单机定位定姿方法见第 2 章 2.3.1 节和 2.3.2 节。

3.4.3　横向单刀运行采煤机与刮板输送机定位定姿耦合分析

由于采煤机的导向滑靴和销排形态耦合与支撑滑靴和铲煤板耦合同时进行，并且两组耦合关系作用直接影响机身俯仰角，因此有必要对这两组耦合关系进行分析。

3.4.3.1　采煤机支撑滑靴与铲煤板的耦合关系

（1）支撑滑靴与铲煤板接触形式

采煤机机身角度反映的是前后两个支撑滑靴之间的起伏情况。左右支撑滑靴分别与铲煤板有 3 种接触方式。如图 3-15 所示：

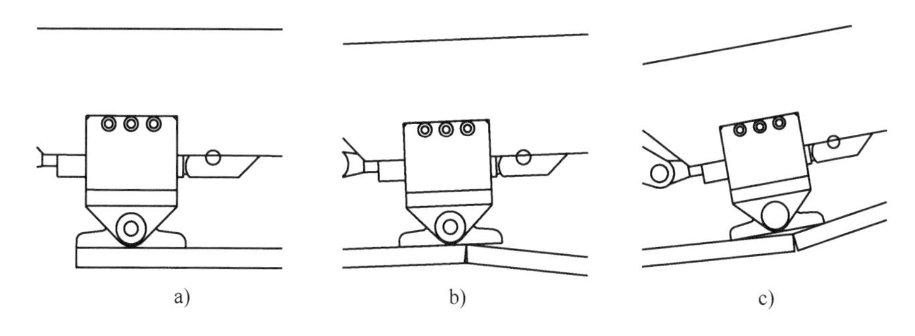

图 3-15　支撑滑靴与中部槽铲煤板接触模型

a）全接触：支撑滑靴完全与中部槽接触。

b）半接触：支撑滑靴处在两段中部槽交叉处，且只能与一部分中部槽接触。

c）悬空：支撑滑靴处在两段中部槽交叉处，且不能与两段中部槽全接触，中间段悬空。

其判定规则见表 3-6，将其定义为“0”“10”“11”和“2”4 种模式。

表 3-6　接触判定规则

模式	含　　义	条　　件	计算角度
0	全接触，支撑滑靴完全位于一段中部槽内	（1）$Na=Nb$ （2）$Na \neq Nb$ and FloatHA[Na] = FloatHA[Nb]	Na
10	半接触，并处于 A 点所在区间中部槽内	（1）$Na \neq Nb$ and $Na=No_1$，FloatHA[Na] > FloatHA[Nb]	Na
11	半接触，并处于 B 点所在区间中部槽内	（1）$Na \neq Nb$ and $Nb=No_1$，FloatHA[Na] > FloatHA[Nb]	Nb
2	悬空	（1）$Na \neq Nb$ and FloatHA[Na] < FloatHA[Nb]	利用悬空算法求解

其中 A、B、O_1 分别为支撑滑靴底线的左、右和中 3 点（图 3-16），Na、Nb 和 N_{O_1} 分别为 A、B、O_1 所在的中部槽区间序号，FloatHA[i] 为第 i 个中部槽的横

向角度。

（2）支撑滑靴与铲煤板接触坐标解析

左右支撑滑靴均与刮板输送机有3种接触方式，所以3种情况组合起来，可能有9种接触方式，以最为复杂的（c）半接触方式为例进行分析，X_{O_1}为采煤机位置的特征点，为已知变量，如图3-16所示。求X_{O_1}位置下的参数，X_A、X_B、θ_1和θ_2为未知数，L_H和ε是结构参数，$Na=p$，$Nb=p+1$。

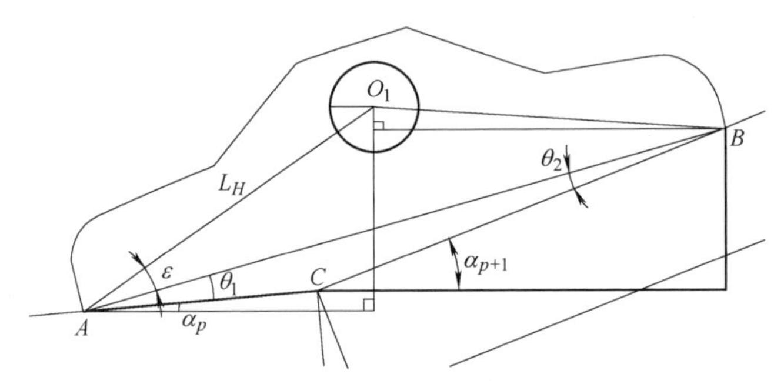

图3-16　半接触分析图

根据关系，可以列出以下式子：

$$\begin{cases} X_B - X_A = 2L_H\cos\varepsilon\cos(\theta_1 + \alpha_p) \\ X_{O_1} - X_A = L_H\cos(\varepsilon + \theta_1 + \alpha_p) \\ \dfrac{(X_B - X_C)}{\cos\alpha_{p+1}\sin\theta_1} = \dfrac{2L_H\cos\varepsilon}{\sin[\pi - (\alpha_{p+1} - \alpha_p)]} \end{cases} \tag{3-14}$$

γ是中间角度。$\theta_1+\theta_2=\alpha_{P+1}$，$\alpha_{P+1}$是已知的。$M_1$和$M_2$是为了求解方程方便设立的中间参数。分别为

$$M_1 = [-2L_H\cos\varepsilon\sin\alpha_p + L_H\sin(\varepsilon + \alpha_p) - C\cos(\alpha_{p+1})]/(X_C - X_{O_1})$$

$$M_2 = [2L_H\cos\varepsilon\cos\alpha_p - L_H\sin(\varepsilon + \alpha_p)]/(X_C - X_{O_1})$$

$$\gamma = \arcsin(M_2/\sqrt{M_1^2 + M_2^2})$$

解得：

$$\theta_1 = \frac{\pi}{2} - \gamma$$

$$X_A = X_{O_1} - L_H\cos(\theta_1 + \alpha_p + \beta)$$

$$X_B = X_{O_1} + 2L_H\cos\beta\cos(\theta_1 + \alpha_p) - L_H\cos(\theta_1 + \alpha_p + \beta)$$

而在图3-15a、b情况下，可以得出Y_{O_1}：

$$Y_{O_1} = \begin{cases} f(X_A) + L_H\sin(\theta_1 + \alpha_p + \beta) & N_{O_1} = p \\ f(X_A) + L_H\sin(\theta_1 + \alpha_{p+1} + \beta) & N_{O_1} = p+1 \end{cases} \tag{3-15}$$

对于 N_{O_1} 来说，必须确定其所处中部槽的序号。

(3) 机身俯仰角求解

确定一个支撑滑靴状态后，需要对另一个支撑滑靴状态也进行判断。

可利用 O_1 点坐标（X_{O_1}，Y_{O_1}），求 O_2 点坐标（X_{O_2}，Y_{O_2}）。

$$\begin{cases} X_{O_2} = X_{O_1} + L_{js}\cos\alpha_{js} \\ Y_{O_2} = Y_{O_1} + L_{js}\sin\alpha_{js} \end{cases} \tag{3-16}$$

式中，α_{js} 为采煤机的机身俯仰角；L_{js} 为采煤机机身长度（特征点 D_1 到特征点 D_2 之间的距离）。

前后两个支撑滑靴组合后，共可能出现 9 种情况。由于直接求取有难度，因此本节利用间接计算方法。间接法的计算流程如图 3-17 所示。其中 S_1 为采煤机在刮板输送机上行走的极限位置，s 为采煤机的行程，k 为采煤机所处中部槽的编号，p 为采煤机在第 k 处中部槽的第 p 个位置。

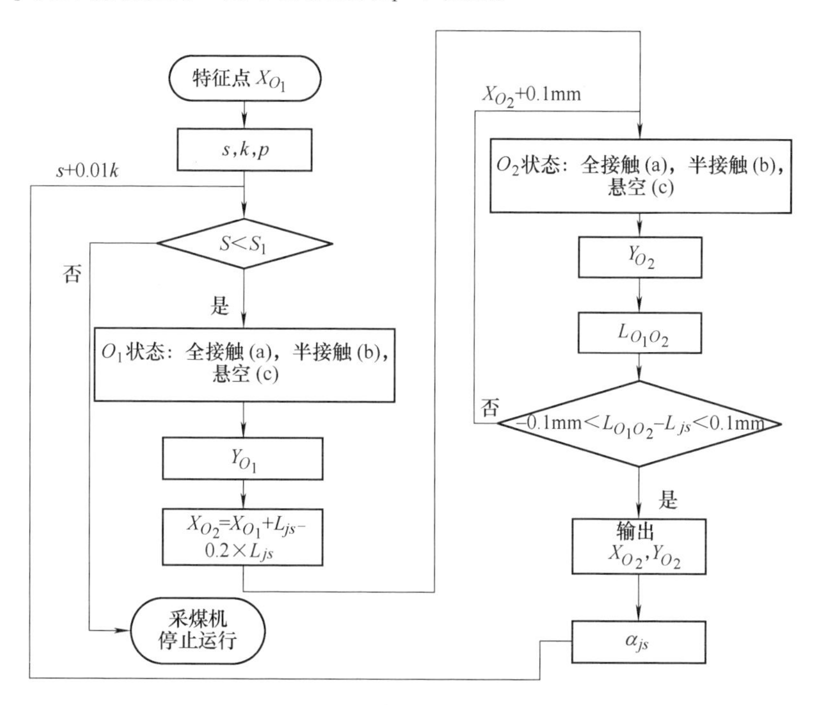

图 3-17　求解方法流程图

点 X_{O_1} 坐标加上 0.8 倍的采煤机机身长度后，对 X_{O_2} 坐标进行解析，判断接触状态，并按照相应的算法进行求解，得出 X_{O_2} 坐标。将 X_{O_1} 与 X_{O_2} 两点距离与机身长度进行判断，如果在很小的误差范围内，则说明求解正确，如果不在范围内，则继续加一个单位长度进行运算，直到满足条件，求解出正确的 O_2 点坐标。

采煤机的定位点设置在左支撑滑靴位置，利用穷举法进行右支撑滑靴位置的计算，得出后，再结合此时左支撑滑靴的位置，从而确定采煤机实时俯仰角与刮板输送机的对应关系，如下式所示：

$$\alpha_{js} = \tan \frac{Y_{O_2} - Y_{O_1}}{X_{O_2} - X_{O_1}} \tag{3-17}$$

而左右两个滑靴与铲煤板进行自适应接触，也需要在原来正确的位置处旋转一定角度。

3.4.3.2 导向滑靴与销排形态的耦合关系

（1）溜槽销排方程解析

由于纵向倾角变化很小，连接销排会随着相邻两个中部槽的形态进行弯曲，它的俯仰角是相邻两段中部槽横向倾角的一半。

中间销排横向倾角：

$$\theta_{M_i} = \alpha_i \tag{3-18}$$

连接销排角度横向倾角：

$$\theta_{N_i} = \frac{\alpha_i + \alpha_{i+1}}{2} \tag{3-19}$$

结合每个轴孔坐标，就可以表示出销排的曲线方程：

$$\begin{cases} g_1(x) = Y_{MXP}(1) + (x - X_{MXP}(1))\tan\alpha_1 & X_{MXP}(1) \leqslant x \leqslant X_{NXP}(1) \\ g_2(x) = Y_{NXP}(1) + (x - X_{NXP}(1))\tan\dfrac{\alpha_1 + \alpha_2}{2} & X_{NXP}(1) < x \leqslant X_{MXP}(2) \\ \quad\quad\quad\quad \cdots & \quad \cdots\cdots \\ g_{2n-1}(x) = Y_{MXP}(n) + (x - X_{MXP}(n))\tan\alpha_n & X_{MXP}(n) \leqslant x \leqslant X_{NXP}(n) \\ g_{2n}(x) = Y_{NXP}(n) + (x - X_{NXP}(n))\tan\dfrac{\alpha_n + \alpha_{n+1}}{2} & X_{NXP}(n) < x \leqslant X_{MXP}(n+1) \end{cases} \tag{3-20}$$

式中，$(X_{MXP}(i), Y_{MXP}(i))$和$(X_{NXP}(i), Y_{NXP}(i))$分别为第 i 段中部槽左右两个轴孔坐标。

（2）行走轮与销排轨迹耦合验算分析

求出支撑滑靴关键点 O_1 和 O_2 后，利用机身的横向倾角和纵向倾角对行走轮的旋转点 D_1 和 D_2 进行求解。利用这两个点的坐标，与销排上点曲线进行耦合，再用结果去验证机身俯仰角，如果不合适，就调整机身纵向倾角直到满足为止。

3.4.4 基于 Unity3D 的规划软件开发

将在 UG 软件中建立的模型经过模型修补和转换环节导入 Unity3D 软件中，

并按照特定的规则进行虚拟场景的布置。利用本节前面的所有算法进行程序编译，并且建立可视化的人机输入交互界面，进行采煤机与刮板输送机联合定位定姿 VR 规划软件的开发，如图 3-18 所示。

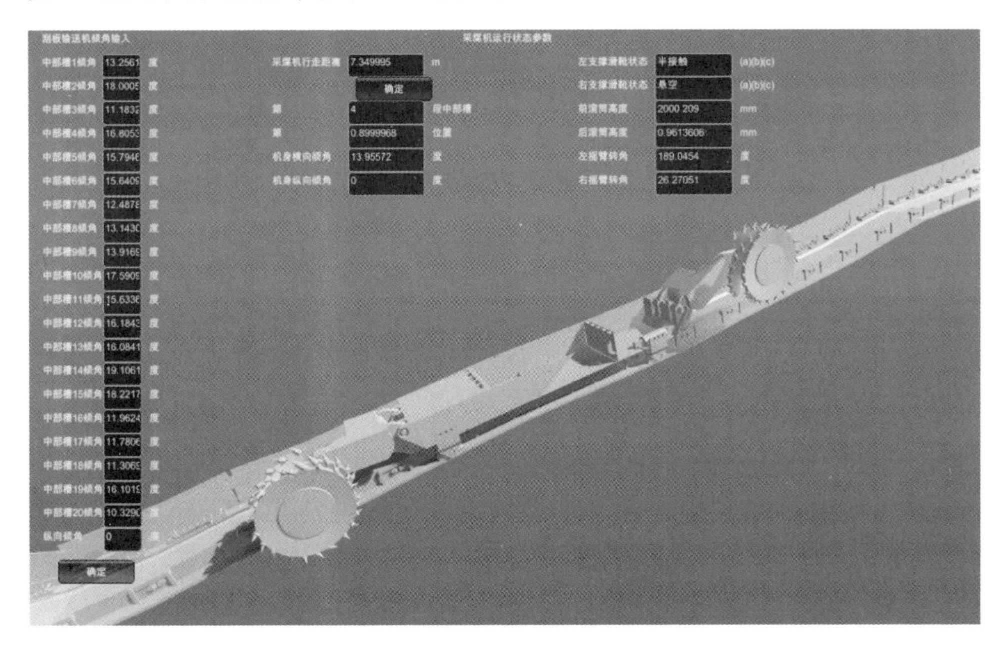

图 3-18　Unity3D 复合工况仿真界面

在本 VR 规划软件中，将试验过程中实测的刮板输送机倾角输入进去，设置不同的采煤机机身长度与结构参数，就可进行可视化的仿真实验，并可实时将过程仿真数据（采煤机机身俯仰角）导出 xml 文件进行后续分析。

输入不同的每段中部槽参数，计算刮板输送机形态，后台实时计算采煤机行走的位置，并且以坐标的形式传递到虚拟采煤机上，并将过程数据实时存入 xml 文件中。

利用实际采集的各中部槽的倾角数值输入到虚拟规划软件中可估计刮板输送机的形态。为协调此时刮板输送机的虚拟形态，虚拟采煤机的行走位置和行走姿态会被实时计算，然后将计算结果实时传递到虚拟规划软件画面中。

虚拟采煤机的运行速度依靠牵引速度的增量决定，在计算机计算压力和虚拟画面流畅度方面综合选定一个增量，使虚拟软件可以实时可视化地进行规划过程。

3.4.5　基于信息融合技术的定位定姿融合策略

利用 SINS 和倾角传感器去分别测量采煤机机身俯仰角和每段中部槽的横

向倾角和纵向倾角。在不同的温度和环境条件下，电磁干扰很容易造成传感器的噪声和失效，这就意味着原始数据的漂移现象很可能发生在单个的传感器上，从而造成通过传感器标记的采煤机和刮板输送机真实状态的不准确。因此，需要利用信息融合算法将两种传感器的两个测量结果分别进行融合进而提高精度。

多传感器信息融合算法是利用多个传感器在不同时刻采集多个数据，来标识两个设备的实际状态。自适应融合算法的前提是批处理算法，因此有必要对其进行介绍，分别采用批处理估计算法和自适应加权融合算法进行计算说明。

批处理估计算法为 p 个测量值 $[\gamma_1,\gamma_2,\cdots,\gamma_p]$，采集自一个传感器，相同采集频率的重复间隔，将其分为两组：

1）当 p 是一个奇数时，分成的两组是 $[\gamma_1,\gamma_2,\cdots,\gamma_{\frac{p+1}{2}}]$ 和 $[\gamma_{\frac{p+1}{2}},\gamma_{\frac{p+1}{2}+1},\cdots,\gamma_p]$。

2）当 p 是一个偶数时，分成的两组是 $[\gamma_1,\gamma_2,\cdots,\gamma_{\frac{p}{2}}]$ 和 $[\gamma_{\frac{p}{2}+1},\gamma_{\frac{p}{2}+2},\cdots,\gamma_p]$。

以第二种形式为例进行说明：

第一组的算术平均值 $\overline{\gamma}_1$ 和均方差 σ_1 可以表示为

$$\begin{cases}\overline{\gamma}_1 = \dfrac{1}{\dfrac{p}{2}}\displaystyle\sum_{i=1}^{\frac{p}{2}}\gamma_i \\ \sigma_1 = \sqrt{\dfrac{1}{\dfrac{p}{2}-1}\displaystyle\sum_{i=1}^{\frac{p}{2}}(\gamma_i-\overline{\gamma}_1)}\end{cases} \tag{3-21}$$

第二组的算术平均值 $\overline{\gamma}_2$ 和均方差 σ_2 可以表示为

$$\begin{cases}\overline{\gamma}_2 = \dfrac{1}{\dfrac{p}{2}}\displaystyle\sum_{i=\frac{p}{2}+1}^{p}\gamma_i \\ \sigma_2 = \sqrt{\dfrac{1}{\dfrac{p}{2}-1}\displaystyle\sum_{i=\frac{p}{2}+1}^{p}(\gamma_i-\overline{\gamma}_1)}\end{cases} \tag{3-22}$$

用以下公式计算单个传感器的批处理算法结果：估计 $\overline{\gamma}$ 和方差 σ_i^2：

$$\begin{cases}\overline{\gamma} = \dfrac{\sigma_2^2\overline{\gamma}_1+\sigma_1^2\overline{\gamma}_2}{\sigma_1^2+\sigma_2^2} \\ \sigma^2 = \dfrac{\sigma_1^2\sigma_2^2}{\sigma_1^2+\sigma_2^2}\end{cases} \tag{3-23}$$

以上述批处理算法计算的角度作为准确的结果，并对下一步自适应信息融合算法进行计算分析。这种计算不需要倾角传感器和 SINS 的先验知识，并可利用批估计值进行自适应加权融合算法的计算。在两种传感器独立工作时，倾角传感器或 SINS 测得的每一个角度都受到噪声和振动等因素的干扰，因此，融合信息角度计算的角度值是随机的，可以表示为如下形式：

$$\gamma_m-(u_m,\sigma_m)$$

式中，u_m 为期望值；σ_m 为方差。

自适应加权融合算法为彼此相互独立测量的倾角传感器，各部分超权重值为 W_1，W_2，…，W_m和各部分算术平均值γ_1，γ_2，…，γ_m，进行信息融合；融合值γ需要满足以下关系：

$$\begin{cases}\gamma=\sum_{i=1}^{m}W_i\overline{\gamma}_i\\ \sum_{i=1}^{m}W_{i_i}=1\end{cases}\tag{3-24}$$

利用最小方差得到最优加权因子：

$$\begin{cases}W_i=\dfrac{1}{\sigma_i^2\sum_{i=1}^{z}\dfrac{1}{\sigma_i^2}}\end{cases}\tag{3-25}$$

该传感器的采集频率确定为 50ms，以采煤机俯仰角为例进行自适应信息融合算法的说明。由于采煤机牵引速度一般在 6～8m/min，在 0.5s 内行走距离非常小。因此，每隔 0.5s 采集倾角传感器和 SINS 的 10 组数据（表 3-7），并对其进行批处理融合计算，将得到的结果作为 0.5s 内两种传感器的测量值。

表 3-7　倾角传感器和 SINS 测量的采煤机机体俯仰角　　（单位：°）

类　型	数　值									
	第　一　组					第　二　组				
	1	2	3	4	5	6	7	8	9	10
SINS	13.52	13.61	13.63	13.67	13.53	13.49	13.52	13.67	13.69	13.63
倾角传感器	13.69	13.70	13.90	13.84	13.84	13.69	13.71	13.82	13.86	13.87

然后再进行自适应加权融合计算，从而得到最终的自适应融合值。在本节中，使用自适应加权融合算法获得的融合值见表 3-8。这样，计算出一系列数据的融合值，见表 3-9。

表 3-8　捷联惯性导航系统和倾角传感器的测量值和融合值　（单位：°）

·		倾角传感器	SINS
第一组	平均值	13.794	13.592
	均方差	0.0088	0.0042
第二组	平均值	13.790	13.61
	均方差	0.0071	0.0081
分批融合算法	融合值	13.792	13.594
	方差	5.58e-5	1.39e-5
自适应加权融合算法	融合值	13.664	
	加权因子	0.354	0.646

表 3-9　捷联惯性导航系统的测量值与倾角传感器测量值及其融合值

（单位：°）

序号	SINS	倾角传感器	融合值	序号	SINS	倾角传感器	融合值
1	13.6	13.79	13.664	19	5.5	5.28	5.434
2	13.2	13.31	13.233	20	0.2	0.07	0.161
3	14.3	14.21	14.273	21	0.6	0.08	0.444
4	12.9	12.91	12.903	22	0.4	0.16	0.328
5	12.4	13.31	12.673	23	-8.2	-8.8	-8.38
6	5.9	6.12	5.966	24	0.7	0.15	0.535
7	8.3	8.07	8.231	25	-1	-1.42	-1.126
8	4.2	4.01	4.143	26	-0.8	-1.21	-0.923
9	5.7	5.33	5.589	27	-1.8	-1.46	-1.698
10	4.4	4.6	4.46	28	-0.2	-0.73	-0.359
11	0.3	0.83	0.459	29	0.1	-0.32	-0.026
12	1.3	1.46	1.348	30	-0.9	-1.3	-1.02
13	8.3	8.74	8.432	31	-1.3	-1.45	-1.345
14	1.2	1.29	1.227	32	-2.2	-2.6	-2.32
15	-0.7	0.38	-0.376	33	-6.6	-7.08	-6.744
16	0	0.2	0.06	34	-1.2	-1.07	-1.161
17	-5.6	-5.63	-5.609	35	-8.4	-8.72	-8.496
18	1.3	0.56	1.078				

3.4.6　基于先验角度的反向映射标记策略

首先由信息融合方法提高刮板输送机的形态测量值，然后输入 VR 规划软件得出采煤机俯仰角变化趋势理论仿真结果。将其作为先验知识，在采煤机运行过程中，利用两种传感器的信息融合值来对先验知识进行标记并一一对应，尤其是一些关键拐点的位置，要判断出来进行时时修正，这就是基于先验角度的反向映射标记策略。

首先根据两个传感器分析结果，推断出采煤机位置，具体方法为：

（1）根据曲线变化趋势，将理论曲线分为若干块和若干个阶段，并对关键点进行标记。

（2）当实际值与理论值变化趋势相同，判断采煤机进入一个新的阶段后，对关键点进行修正。

（3）将实际值与理论值所处阶段的关键点继续对应和修正，进而将实际值反推映射到刮板输送机上。

（4）从机头行走到机尾，进行完整分析与对应，从而实时反推出采煤机所处位置。

如图 3-19 所示，以此种情况为例进行反向映射标记策略的说明。先把理论曲线分为 A、B、…、M 区间，并找到区间分界点 a、b、…、m 等点，作为先验经验。在采煤机实际运行过程中，利用得到的 a'、b'、…、m'等点去实时修正和验证 a、b、…、m 等点，确定两者相对应区间，然后进行反向映射，从而找到相对应的点，从而确定采煤机在刮板输送机上的位置。

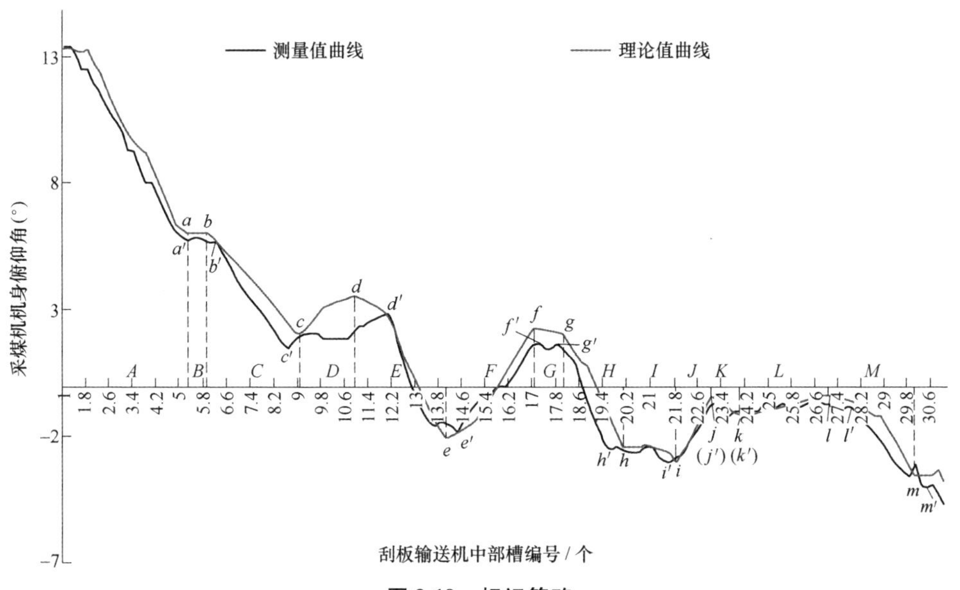

图 3-19　标记策略

3.5　群液压支架之间记忆姿态方法

在实际的工作面，液压支架的数量在百架以上，尽管每台支架独立运行，但所有看似分离的个体在某种运行规律的控制下共同完成顶板支护任务，因此在监测过程中需要从整体的角度对群液压支架进行姿态监测。

目前，针对液压支架姿态的监测方法主要是对其关键参数的监测且依然停留在独立液压支架监测的水平上，而且现在的研究还没有考虑整个群液压支架各个循环之间以及采煤高度和液压支架支撑状态之间存在的内在联系。所以在整个监测过程中仍存在较大漏洞，而且不能及时对出现的问题做出判断，进而进行预警。

针对以上现状，本节基于采煤机记忆截割的方法理论，从大数据和全局的角度，提出一种 VR 环境下群液压支架记忆姿态方法，在目前单一液压支架监测方法基础上将各单一数据融合起来，对群液压支架进行监测。

3.5.1 液压支架记忆姿态思想来源

3.5.1.1 思想方法来源

在采煤机记忆截割理论中，沿着工作面方向的顶底板变化缓慢，只有遇到断层等地质构造时，顶底板才会发生比较明显的突变。因此“记忆截割”根据前几个循环的前后滚筒截割轨迹来预测后几个循环周期的截割轨迹，从而大幅度提高了采煤机自动化程度同时降低了工人的劳动强度。

而在液压支架整体推移过程中，采煤机前几个循环的上滚筒截割轨迹决定了后面几个循环液压支架的顶板支护状态，而下滚筒截割轨迹决定了支架向前推进的状态。因此在记忆截割理论的原理下，群液压支架也可根据类似此种规律的作用进行判断和运行。

但是与记忆截割方法的突出区别是，综采工作面一个循环的推移步距等于采煤机截深，因此采煤机的循环周期比较容易确定，而一台液压支架的顶梁支撑长度一般为 5 到 7 个截深长度，其底座也有 3 到 4 个截深长度，其运行周期不同，变化规律也更为复杂。前几个周期采煤机的截割高度共同来对液压支架进行作用，因此液压支架对地形的变化应该较采煤机更加“不敏感”。

因此通过类似采煤机记忆截割的理论方法来预测整体群液压支架姿态，能够提前预知下一循环各个液压支架姿态的调整范围，通过实际姿态与预测姿态偏差比较，来表明运行状态的正常与否，从而使得对意外情况能够做出更加及时有效的判断，本节称其为“群液压支架记忆姿态方法”。

液压支架对顶板的支护状态主要体现在支护高度。目前已经有很多学者通过分别布置在底座、前后连杆和顶梁上的倾角传感器来对液压支架高度进行测量，这为本节的研究提供了基础。

3.5.1.2　横向预测和纵向预测

液压支架记忆姿态方法既包含横向循环内的预测，也包含纵向循环内的预测。其中横向循环内的记忆姿态是指在一个循环周期内，通过已经完成移架的液压支架姿态去预测仍未移架或正准备移架的液压支架姿态，体现出整个工作面横向地形的变化。纵向循环内的记忆姿态是指在几个循环内，通过前几个循环所有支架的整体状态去预测下一个循环所有支架的整体状态，体现出整个工作面的沿工作面推进方向的地形变化。原理如图 3-20 所示。

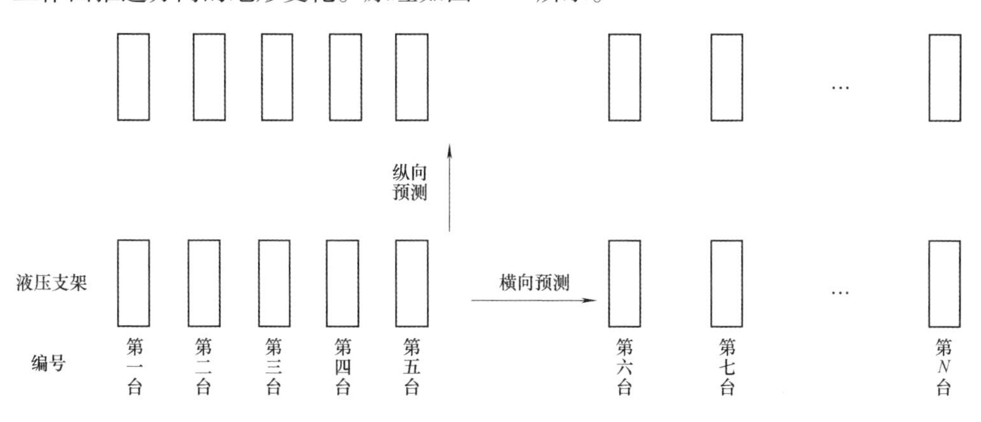

图 3-20　液压支架记忆姿态横向和纵向预测

实时将实测的姿态数据与预测的数据进行对比，如果相差较大，那么相对应液压支架就很有可能处于相对异常状态。

实时利用实测数据去滚动预测修正理论模型，从而更加精确地提高预测精度。将记忆姿态作为数据序列，运用灰色理论，预测出下一个循环成组液压支架的姿态，在此基础上通过马尔科夫理论对预测结果进行修正，使得预测结果更加准确。

3.5.1.3　记忆高度、记忆角度

“群液压支架记忆姿态方法”分为对支撑高度的记忆姿态和对各关键倾角角度的记忆姿态等。

（1）记忆高度

利用相邻几个周期的采煤机截割高度，求解液压支架支撑高度，利用每一个求解出来的高度值组成循环序列进行预测，求解出下一个循环的高度值。

（2）记忆角度

利用（1）求解出来的记忆高度，然后利用公式反演算再求解出每一个关键角度。井下实际工作中液压支架的顶梁俯仰角不能超过 $-7° \sim +7°$ 的范围，顶梁

俯仰角和底座倾角变化较地形变化较为敏感，不适用于记忆姿态预测，但其变化很小，因此在高度可以进行预测的前提下，液压支架前后连杆倾角可以进行预测。需要注意的是：在此叙述的后连杆倾角和顶梁俯仰角均是相对于底座倾角的相对角度。

由 2.3.3 节可知，液压支架四连杆机构的运动可以用前连杆倾角独立进行标记，再加上顶梁倾角和底座倾角，就可完全表达液压支架姿态。

本节的研究是在接近水平工况下，设底座倾角为零，在顶梁俯仰角和前连杆倾角上均安装有倾角传感器，进而对这两个关键角度进行实时标记。

3.5.1.4 群液压支架记忆姿态方法总体思路

本节方法总体思路如图 3-21 所示：

图中：

H_{ij}^{cmj}：采煤机第 i 个循环的第 j 个截割点的实际截割高度；H_{ij}^{zj}：第 j 个支架的第 i 个循环的实际支撑高度；$H_{ij}^{cmj'}$：采煤机第 i 个循环的第 j 个截割点的预测截割高度；$H_{ij}^{zj'}$：第 j 个支架的第 i 个循环的预测支撑高度。

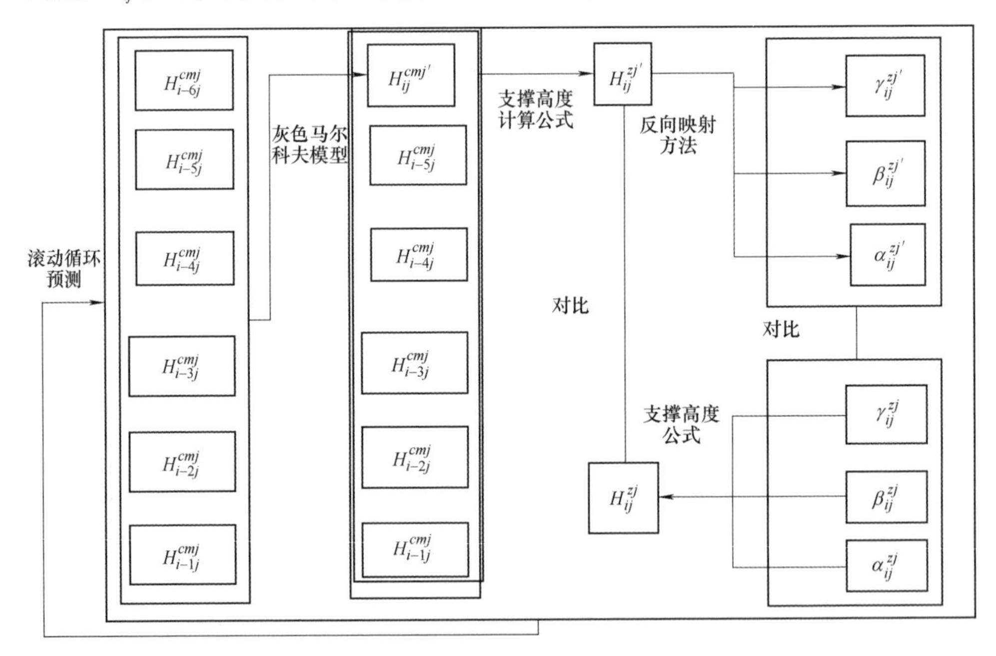

图 3-21 群液压支架记忆姿态方法思路

在灰色马尔科夫理论中：

$H_{ij}^{cmj'}$是由前 6 个实际采煤高度计算得出的。$H_{ij}^{zj'}$是由 $H_{ij}^{cmj'}$ 和前 5 个实际采煤高度，通过顶梁俯仰求解法得出的（具体见 3.5.3 节）。

α_{ij}^{zj}，β_{ij}^{zj}，γ_{ij}^{zj}分别代表相对应的顶梁、前连杆和底座倾角，通过反向映射求解法得出。

每次利用灰色马尔科夫算出的采煤高度，预测支架支撑高度和关键倾角，然后进行这一支架的实测数据与预测数据的对比。如果没有问题，就利用新更新的实测数据继续进行下一阶段采煤高度的预测，这就是滚动预测，直到预测结束。

3.5.2　基于灰色马尔科夫理论与滚动预测方法的记忆姿态方法

灰色马尔科夫理论被广泛地运用到了采煤机记忆截割方面，通过运用此种方法，在理论上较好地对滚筒高度进行了预测。在实际运用中，仅仅运用灰色马尔科夫理论得到的预测结果，并没有很好的效果。灰色马尔科夫理论预测模型所需的信息少，计算简便，精度较高，但其预测模型是基于指数预测的，没有考虑到实际情况的随机性，而马尔科夫链运用偏移概率矩阵，通过判断已知状态和未知状态的转移概率来确定未知状态的参数，可以对灰色预测结果进行修正，从而提高预测精度。

3.5.2.1　马尔科夫链方法

$p_{ij}(m)$表示系统由状态 i 经过 m 步转移到状态 j 的转移概率，转移概率只依赖于时间间隔的长短，与起始时刻无关。$\boldsymbol{P}_{(m)}$表示系统内各个变量由状态 i 转移到状态 j 的转移概率矩阵。

$$p_{ij}=\frac{n_{ij}}{N_i} \tag{3-26}$$

式中，n_{ij}为状态 i 经过 m 步转移到状态 j 的总次数；N_i 为状态 i 转移到其他状态的总次数。这样就可以求出系统所有状态从状态 i 经过 m 步转移到状态 j 的转移概率矩阵。

$$\boldsymbol{P}_{(m)}=\begin{pmatrix} p_{11}(m) & p_{12}(m) & \cdots & p_{1n}(m) \\ p_{21}(m) & p_{22}(m) & & p_{2n}(m) \\ & \vdots & & \\ p_{n1}(m) & p_{n2}(m) & \cdots & p_{nn}(m) \end{pmatrix}$$

用$\boldsymbol{P}_p$ 表示某一对象位于 p 时刻在各个状态的概率矩阵：

$$\boldsymbol{P}_p=(p_p(1)\quad p_p(2)\quad \cdots \quad p_p(n))$$

那么经过 m 步状态转以后，位于 q 时刻在各个状态的概率为

$$p_q=p_p(1)P(m)+p_p(2)P(m)+\cdots+p_p(n)P(m) \tag{3-27}$$

3.5.2.2　采煤高度改进灰色马尔科夫预测模型

利用前一个循环成组液压支架的姿态预测移架后成组液压支架的姿态，本节

通过利用灰色马尔科夫预测滚筒高度，然后求出液压支架状态。

根据 $GM(1,1)$ 求出移架后采煤机截割高度 $\hat{h}^{(0)}(k)$，求出与上一个采煤机截割高度的残差：

$$\Delta(k)=h^{0}(k)-\hat{h}^{0}(k) \tag{3-28}$$

残差相对值为

$$\varepsilon(k)=\frac{h^{0}(k)-\hat{h}^{0}(k)}{h^{0}(k)}\times 100\% \tag{3-29}$$

将残差相对值序列按照大小进行排序，划分残差状态，E_1，E_2，…，E_n，n 代表划分的状态总数。尽量使位于每个残差状态的个数相等。找到各个残差值所对应的状态，此模型即为灰色马尔科夫模型，利用此模型对预测结果一一进行修正。

确定一步转移概率矩阵和初始状态后，就可以得到转移到各个状态的概率。找到概率最大时所对应的残差区间，利用

$$E_{max}=\frac{h^{0}(k)-\hat{h}^{0}(k)}{h^{0}(k)}\times 100\% \tag{3-30}$$

$$\hat{h}'^{(0)}(k)=h^{(0)}(k)(1-E_{max}) \tag{3-31}$$

式中，$\hat{h}'^{(0)}(k)$ 为修正后的预测区间，取区间的中间值作为最终预测结果。

3.5.3　液压支架支撑高度与采煤机截割顶板轨迹关系分析

在确定采煤高度后，需要根据多个循环周期的采煤机截割顶板轨迹，也就是采煤高度求解液压支架姿态数据。

3.5.3.1　顶梁俯仰角的确定

利用 3.5.2 节预测出的采煤高度求解液压支架支撑高度，为此第一步需要确定顶梁俯仰角。计算方法如图 3-22 所示。

编号 1 ~ 12 代表截深次序，对于 ZZ4000/18/38 型液压支架，顶梁和前梁跨过了 7 ~ 12 总共 6 个截深，顶梁的俯仰角由这 6 个截深所对应的采煤高度决定。

判断 6 个循环采煤高度的大小，找到最小的两个高度值序号，分别记为 m（最小）和 n（倒数第二小）。$H(m)$ 和 $H(n)$ 分别代表两个采煤高度值。

当 $H(m)<H(n)$ 时：

（1）$H(m)<H(n)$，可以判断出液压支架处于上仰状态。

（2）$H(m)>H(n)$，可以判断出液压支架处于下俯状态。

（3）特殊情况为 $H(m)=H(n)$，此时顶梁状态为水平。

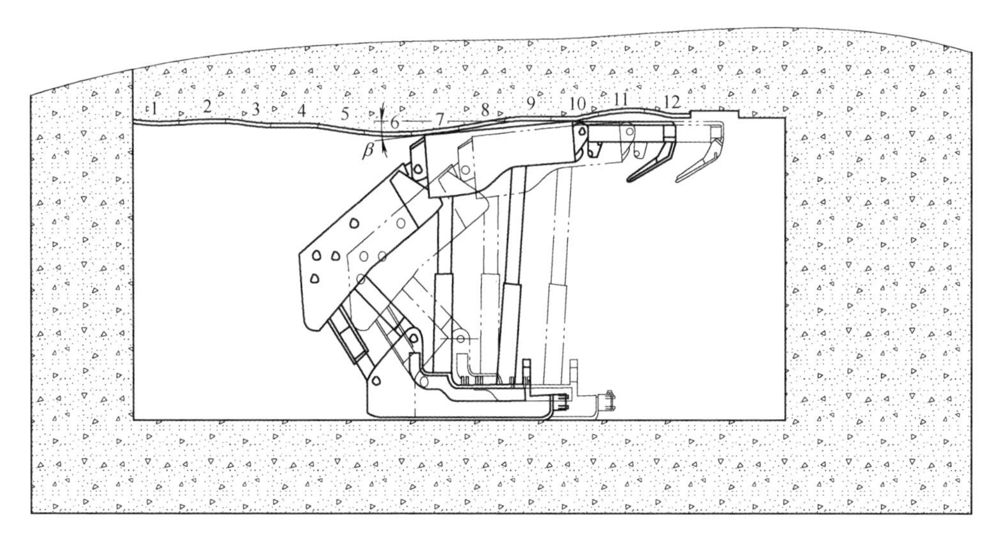

图 3-22　液压支架顶梁角度形成过程

顶梁俯仰角可由式（3-32）求出

$$\alpha_{ij}^{zj} = \arcsin \frac{H(m) - H(n)}{J(m-n)} \tag{3-32}$$

式中，J 为截深。

液压支架支撑高度可以通过式（3-33）得出：

$$H_{zj} = H(m) - [J(m-5)\sin(\alpha_{ij}^{zj})] \tag{3-33}$$

3.5.3.2　高度求解与反求程序

求解出顶梁倾角后，就可求出前连杆倾角和底座倾角。液压支架按照求解高度摆放，就可以确定整个虚拟场景的摆放方法。

液压支架高度公式可以表示为

$$H_{zj} = f(\alpha_{ij}^{zj}, \theta_{ij}^{zj}, \delta_{ij}^{zj}) \tag{3-34}$$

在本节中，δ_{ij}^{zj}被假设为 0°，所以 α_{ij}^{zj}可以被以下方程组求解：

$$\begin{cases} f(\alpha_{ij}^{zj}, \theta_{ij}^{zj}) = H(m) - [J(m-5)\sin(\alpha_{ij}^{zj})] \\ \alpha_{ij}^{zj} = \arcsin \dfrac{H(m) - H(n)}{J(m-n)} \end{cases} \tag{3-35}$$

3.5.3.3　实测数据与预测数据进行对比

将计算出的三个关键角度与实际循环过程中所测得的实际角度进行对比，预测高度和通过三个关键角度计算出的实际高度进行对比，划分正确率的界限如下：

a）如果正确率大于 85%，就认定预测结果正确，支架处于正常运行状态；

b）如果正确率在 85% ~70%，就认定预测结果基本正确，支架处于较正常运行状态；

c）如果正确率小于70%，则认定预测结果基本不正确，支架很可能处于异常运行状态。需要对支架状态进行调整，以免发生严重问题。

3.5.3.4 液压支架支撑高度和前连杆倾角的灰色马尔科夫预测

根据求解的液压支架支撑高度和前连杆倾角数据，如3.5.2.2节所示方法，也可进行灰色马尔科夫预测。

3.5.4 记忆姿态VR监测方法

VR场景可以实时以3D的形式显示整个群液压支架的运行状态，这种显示主要依靠工作面实时传回的数据，这就需要建立与实际支架完全一致的虚拟模型和虚拟场景，并将算法和公式编入程序中，并预留接口，读取实时工作面数据，才可以保持与工作面状态实时同步。具体可见4.3节。

3.6 小结

本章对综采工作面“三机”在井下实际工况条件下“三机”之间的约束连接关系进行研究，进而对其复合姿态行为进行研究，其中包括理想底板平整情况下的“三机”虚拟协同技术，采煤机和不同环境下刮板输送机的耦合关系——采煤机和刮板输送机弯曲段进刀下的姿态行为耦合，复杂工况下采煤机和刮板输送机联合定位定姿方法以及群液压支架之间的相互影响关系——群液压支架记忆姿态监测方法。主要工作如下：

（1）对“三机”水平底板虚拟仿真进行研究，包括“三机虚拟协同感知方法”“采煤机虚拟行走关键技术”、“三机”间相互感知技术、“三机”与采煤工艺耦合技术、井下综采工作面环境建模和时间单位一致原理研究。

（2）刮板输送机弯曲段溜槽姿态协同求解方法可以精确地求出刮板输送机弯曲段的各种参数，为综采采煤工艺的确定以及液压支架推溜自动控制提供理论分析基础。

（3）复合工况采煤机与刮板输送机联合姿态求解方法可以对采煤机与刮板输送机的运行工况进行更为细致和准确的动态监测，可提前预知采煤机行走过程中可能遇到的问题。

（4）利用群液压支架记忆姿态方法可以提前对群液压支架状态进行高精度和可靠性的预测，利用3D显示直观高效地观测运行状态，从而为综采工作面安全高效运行提供理论支持。

第4章 VR环境下综采工作面“三机”工况监测系统

4.1 引言

在第2章研究“单机”工况监测以及“单机”虚拟仿真方法，第3章研究VR环境下“三机”工况监测与仿真方法的基础上，就可以对整个VR环境下综采工作面“三机”工况监测系统进行设计。将VR技术应用于综采监测，具有更直观、更可靠的优势和潜力。

本系统源于“工业4.0”中“Digital Twin”理论，在对理论进行研究的基础上，与实际监测融合，在Unity3D仿真引擎下，进行整个系统的设计。

4.2 综采工作面装备Digital Twin理论

4.2.1 Digital Twin理论介绍

数字孪生模型（Digital Twin）指的是以数字化方式在虚拟空间呈现物理对象，即以数字化方式为物理对象创建虚拟模型，充分利用物理模型、传感器更新、运行历史等数据，集成多学科、多物理量、多尺度、多概率的仿真过程，在虚拟空间中完成映射，模拟其在现实环境中的行为特征，从而反映相对应实体装备的全生命周期过程。

通俗来说，指的是以数字化方式复制一个物理对象，模拟对象在现实环境中的行为，实现整个过程的虚拟化和数字化，从而解决过去的问题或精准预测未来。

西门子公司具体将其应用于无人化工厂的设计，可以做到以下功能：

（1）对生产过程中所有的环节全部都模拟仿真分析。

（2）在设计选型阶段就可以看到整个生产过程。

（3）规划操作细节和策略，提高效率。

（4）预测可能出现的问题，对整个系统进行优化。

（5）一开始就尽可能的检验一切。

（6）选型设计与工艺规划集成。

在 Digital Twin 实现的过程中，需要以下三个必要条件：

（1）在不影响正常工作的前提下，在物理实体上采取相应的措施，布置适当的传感器，把特征变量采集下来，经过特殊的处理与算法，准确得到设备的状态。

（2）在虚拟世界中，建立物体虚拟镜像，需能在虚拟世界中模拟对应真实物理实体状态的能力。

（3）“实”和“虚”的接口：在（1）中采集的状态变量如何准确可靠地传输到（2）中，并能被（2）无缝接收，并根据此信息做出相应动作。与真实物理实体保持数据同步，即所谓的 VR 监测。

4.2.2 综采工作面装备 + “Digital Twin” 融合

本章首先对“三机”Digital Twins 理论进行研究与分析。建立“三机”数字化信息模型，包括“三机”数字模型、“三机”信息化模型以及“虚拟”和“现实”的接口，如图 4-1 所示。

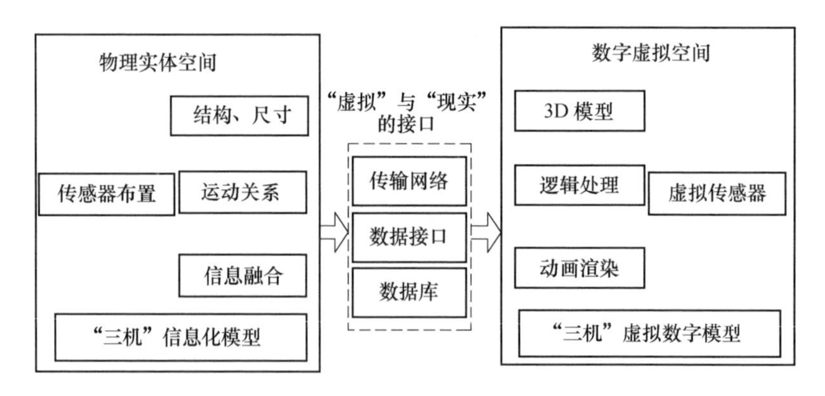

图 4-1 “三机”Digital Twin 理论体系

其中“三机”信息化模型是在“三机”本身的设计理论与方法基础上，建立在真实物理产品数字化表达基础上的数字样机，对实际工况下“三机”的姿态进行解析，得到“三机”状态同步特征变量合成方法，并研究信息融合算法，得到“三机”可靠性监测理论与方法。本模型在文中主要对应的内容包括第 2 章物理信息传感体系的建立和“单机”工况监测方法以及第三章实际工况条件下“三机”姿态监测方法等内容。

“三机”虚拟数字模型是与实际状态“三机”完全一致的虚拟镜像，并在虚拟环境中对每一个零部件与周围零部件进行约束与定义，同时预留接口变量，可以实时接收物理空间“三机”传回的运行状态数据。本模型在文中主要对应的内容包括第 2 章“单机”虚拟仿真方法、第 3 章“三机”虚拟仿真方法和本章虚拟工况监测系统的方法和设计等相关内容。

“虚拟”与“现实”的接口可以将信息化模型和虚拟数字模型联合起来，通过布置的高速网络通信平台，实时接收“三机”上布置的传感器传回的数据，传输到数据库中并按照系统设计要求分别传送到实验室环境下的顺槽集中控制中心、远程调度室和 VR 实验室中 VR 监测主机的信息化模型接口。本接口主要对应第 2 章的物理信息传感体系与本章 VR 监测系统的主体内容。

通过以上研究既可完成对”三机”的姿态和性能等运行状况进行准确的模拟和实时监测与同步，操作人员可以与该系统进行人机交互，在任意时刻穿越任何空间进入系统模拟的任何区域观察设备运行工况，对异常情况进行报警，及时发现并处理在运行中存在的故障和问题。

4.3　VR + LAN“三机”工况监测系统总体框架设计

4.3.1　系统设计目标

本监测系统以 VR 技术为依托，通过布置在综采工作面“三机”装备上的传感器实时传回的数据，实时驱动相对应的 VR 监测画面，建立综采工作面“三机”的实时虚拟镜像，从而可以低延迟的、画面清晰不卡顿的、多角度的三维全景显示工作面的实时运行状态。根据系统的需求分析，本系统的设计目标主要有以下几个方面：

（1）建立与真实“三机”完全一致的 VR 模型与环境，并编写相应控制脚本，使其在虚拟画面中完全可以展现实际“三机”的运行状态。

（2）建立的虚拟“三机”模型需要预留各传感器特征变量的接口，可以方便地导入已经存入数据库的实时工作面装备数据。

（3）在实际工作面“三机”上应布置可以反映“三机”位姿变化的传感器，并要合理地布置在各个设备上，不影响设备的正常工作。

（4）在监测过程中，要将数据进行存储，并能从大数据的角度对历史数据进行充分分析与建模，从而对整体综采装备的运行状态进行预测。

（5）在监测模式中，由于综采工作面设备众多，所需传递信息量大，如果只拥有一台监测主机，势必会造成服务器压力巨大，VR 监测画面运行不流畅或者出现卡顿现象，严重影响 VR 监测的可靠性，因此，亟须研究一种技术方案解决这一问题。

4.3.2 总体设计

针对上节制订的系统设计目标，系统的技术、工艺路线及采用的研究手段如下：

（1）利用 UG 对综采工作面“三机”进行实际参数三维建模，在 3DMAX 中进行模型修补，再导入 Unity3D 软件中进行脚本编写，建立全景综采 VR 场景，并设置采煤机、刮板输送机和液压支架的运行状态变量。

（2）实时读取并更新在 SQL Server 数据库中实时传回的各设备运行状态数据，驱动各设备进行相应动作，并通过布置的各种传感器准确刻画出井下顶底板的状况，同时将数据实时存入工作面数据库。

（3）底层利用 Matlab 软件编写的 dll 文件，作为数据监测与分析模块，对异常情况进行报警，及时发现并处理在运行中存在的故障和问题。

（4）针对综采工作面设备众多，单台主机进行监测造成的服务器压力较大，VR 监测画面运行不流畅或者出现卡顿的问题，利用局域网协同方法，多台主机通过 C/S 架构，互相随时同步数据，进而实时同步画面，合成一个整体工作面全景画面。

（5）本系统监测模式采用双向模式：将本章 VR 监测系统集成在顺槽集控中心集中控制操作台上，与视频监控、数据监控与集控中心集成在一起，相辅相成，未来可在集控中心加装一台显示器专门用于 VR 监测。

为此，采用如下具体方案进行设计，总体框架如图 4-2 所示。

（1）借助布置好的整个高速网络通信平台，VR 监测上位机群实时读取数据库服务器中的由组态监测上位机群实时通过信号采集与传输系统采集的布置在实际综采工作面设备上的实时传感系统数据，并由数据分析服务器实时对数据库服务器中的数据进行分析与处理，实时将处理结果以及历史数据分析结果返回 VR 监测上位机群中并以 3D 方式显示。

（2）VR 监测上位机群是一群安装在 Unity3D 环境下的 VR 监测程序的高性能服务器，VR 监测程序包括采煤机与刮板输送机 VR 监测程序、液压支架 VR 监测程序Ⅰ、液压支架 VR 监测程序Ⅱ、液压支架 VR 监测程序Ⅲ和其他设备 VR

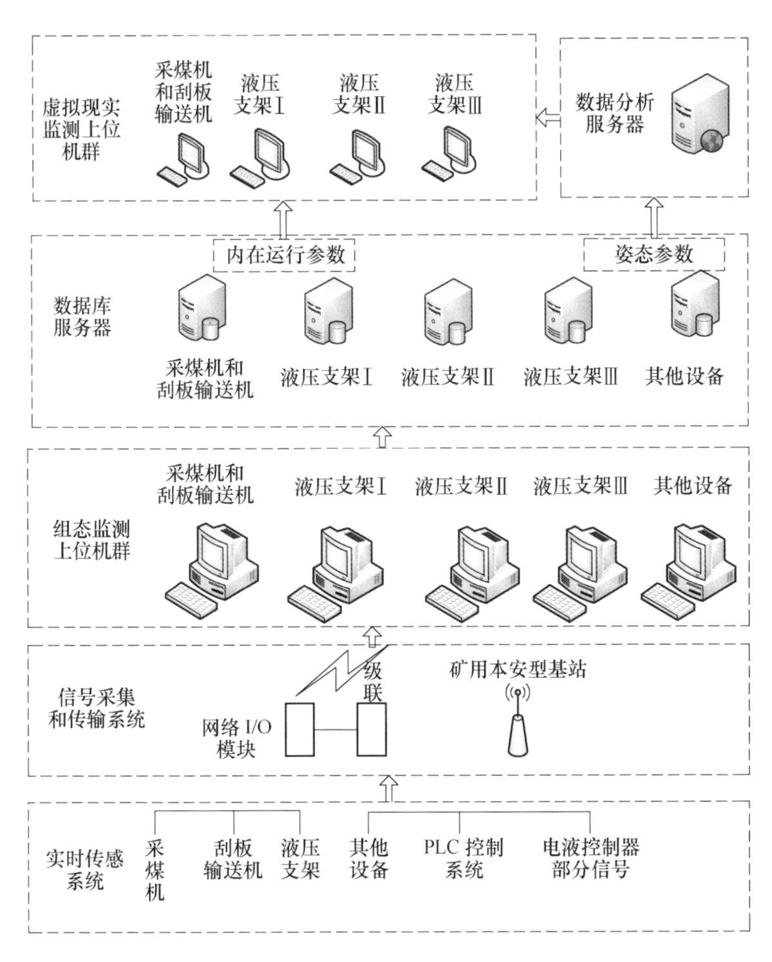

图 4-2　总体框架设计

监测程序，每一个监测程序均是由虚拟模型、虚拟局域网协同接口和虚拟数据接口组成。

（3）虚拟模型是在 Unity3D 环境下，已建立的与实际综采工作面完全真实对应的虚拟综采设备中，采煤机与刮板输送机 VR 监测程序已获取虚拟采煤机与虚拟刮板输送机的控制权，通过虚拟数据接口获取到真实采煤机和真实刮板输送机的内在参数数据和姿态参数数据，通过后台程序与算法，驱动虚拟采煤机与虚拟刮板输送机进行虚拟运动。

（4）虚拟局域网协同接口是将采煤机与刮板输送机的实时数据，通过 Unity3D 的 NetWorkView 组件中的 RPC（Remote Procedure Call）命令向其他几个设备的

VR 监测程序进行实时发送，并且接收从其他几个设备的 VR 监测程序传来的相应设备的数据，驱动本画面中的其他几个设备的虚拟模型进行相应动作，从而合成一个全景工作面画面，使安装有采煤机与刮板输送机 VR 监测程序的监测主机可以对整个综采工作面进行监测。

（5）虚拟数据接口负责读取实时数据库服务器中的其对应相关装备的内在运行数据和在数据分析服务器读取到的其对应相关装备的经过多传感信息融合技术建立的姿态参数数据，然后对 Unity3D 中的其对应相关虚拟装备进行驱动与控制，实现其对应相关装备的 VR 监测。

（6）数据库服务器是储存所有综采工作面设备的实时数据，包括采煤机、刮板输送机、液压支架、其他设备的数据库，实时接收由组态监测上位机群实时存入的实际工作面运行的数据。

（7）组态监测上位机群是一群安装有组态王监测程序的高性能服务器，接收信号采集与传输系统实时采集的数据。组态王监测程序包括采煤机与刮板输送机组态王监测程序、液压支架组态王监测程序Ⅰ、液压支架组态王监测程序Ⅱ、液压支架组态王监测程序Ⅲ和其他设备组态王监测程序，分别从信号采集与传输系统实时采集相对应的设备数据。

（8）信号采集与传输系统是综采工作面设置的无线与有线共存的高速网络通信平台，将实时传感系统的信号传输到组态监测上位机群。

（9）数据分析服务器是集成有 matlab 软件与 Unity3D 软件的高性能服务器，并且可以实时获取数据库服务器的数据进行分析，包括虚拟姿态参数计算模块和预测模块。

（10）虚拟姿态参数计算模块是通过多传感器信息融合技术，利用一个传感器一段时间内的多个数据，利用特定的算法进行计算以及多个具有相关度的传感器数据进行二次的信息融合，最大限度地提高姿态参数数据的准确性。

（11）预测模块包括液压支架参数预测模块、采煤机参数预测模块和刮板输送机参数预测模块，在线利用实时计算的数据进行分析，预测下一循环的数据。液压支架参数预测模块是利用灰色马尔科夫理论对下一循环的参数进行预测；采煤机参数预测模块是对采煤机记忆截割信息进行预测和识别；刮板输送机预测模块是对刮板输送机下一刀的排布状态进行识别（具体可见第 3 章相关内容）。

（12）液压支架 VR 监测程序Ⅰ是对综采工作面编号 1 到编号 50 的支架状态进行监测；所述液压支架 VR 监测程序Ⅱ是对综采工作面编号 51 到编号 100 的支架状态进行监测；所述液压支架 VR 监测程序Ⅲ是对综采工作面除编号 1 到编号

100 以外的剩余的支架状态进行监测。液压支架 VR 监测程序Ⅰ、液压支架 VR 监测程序Ⅱ、液压支架 VR 监测程序Ⅲ和其他设备 VR 监测程序与采煤机与刮板输送机 VR 监测程序功能一致，只不过负责不同的虚拟设备。

4.3.3　硬件设计

在本实验室综采成套装备实验系统前期智能改造的基础上，在采煤机、液压支架和刮板输送机上分别加装部分传感器（“三机”传感器的布置方案见第 2 章 2.2 节物理信息传感体系的建立部分)，建立的无线传感器网络和有线网络混合的高速网络通信平台，把各种传感器信号全部传输到服务器端（包括 PLC 信号、电液控制系统信号、组合开关等信号)。系统硬件网络结构设计如图 4-3 所示。

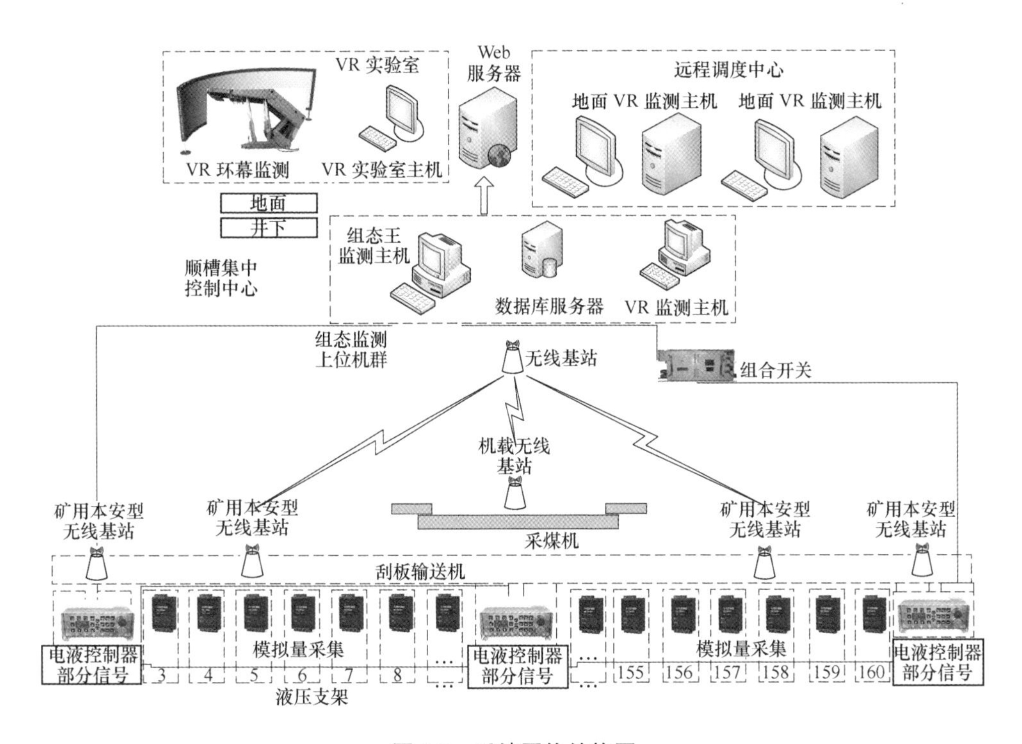

图 4-3　系统网络结构图

采煤机机身传感器通过机载 PLC，预留 RJ45 接口，接入矿用本安型无线基站，传回集中控制中心。

刮板输送机机身的双轴倾角传感器则通过数据采集模块接入矿用本安型无线

基站，将信号传回顺槽集控中心。

液压支架间每隔 5 架布置一台矿用本安型无线基站，用于传输刮板输送机的信号和部分群液压支架的信号。

将各种传感器在液压支架上布置好后，分别接入网络 I/O 模块和 RS485 I/O 模块，共同转化为 RJ45 信号进行传输。一个网络 I/O 模块最多可级联 16 个 RS485 I/O 模块，可以满足多个传感器的同时采集要求。

每个信号传入到位于顺槽集控中心的组态监测上位机群后，分别传输给相对应的数据库服务器，数据库服务器进行数据协同，一方面被 VR 监测主机调用，另一方面通过 SQL Server 数据库的订阅和发布功能进行实时远程同步到 Web 服务器端。Web 服务器端分别可以被远程调度中心的地面 VR 监测主机和位于 VR 实验室的 VR 监测主机调用，可在柱面立体漫反射仿真投影环幕中配合立体眼镜、数据手套、位置跟踪器和数据头盔等人机交互手段以沉浸式的效果监测运行工况。也可利用网络技术将现场数据同步到远程服务器，为远程和在互联网上的 VR 监测提供数据支持。

4.3.4 软件设计

软件系统采用大型 VR 仿真引擎 Unity3D 进行设计，具备各种人机交互硬件设备接口、网络协同、与数据库预留接口等模块，采用 VS2013 和 C#语言进行编程和设计。数据协同模块采用 SQL Server 数据库进行实时数据存储，xml 文件为辅助记录模块，Matlab 为运算模块。

软件系统采用组态王 KingView6.55 作为上位机系统进行数据采集，数据采集方案如图 4-3 所示。网络 I/O 模块接入矿用本安型基站 KT113-F，就可接入已经布置完成的完全覆盖综采工作面的高速网络通信平台，使信号完成采集并传回顺槽集中控制中心，并通过 Modbus TCP 协议接入组态王监测主机，组态王监测系统可以将采集的数据实时上传 SQL Server 2008 数据库，VR 监测主机可以实时调用同处在一个局域网内的数据库中的数据，就此完成了数据到 VR 主机的连接。

4.3.5 实时传感系统

本书的 VR 监测系统的实时传感系统采集的实时设备运行参数如图 4-4 所示，除了第 2 章物理信息传感体系布置的传感器采集的姿态参数外，还可对内在运行参数（如各设备的电动机电流、温度等信息）进行采集。

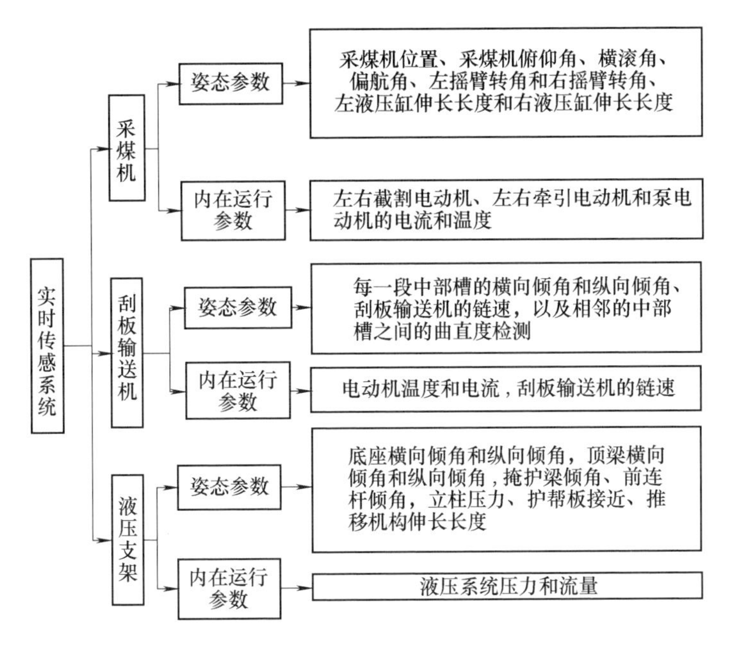

图 4-4 实时传感系统采集的实时设备运行参数

4.4 基于 Unity3D 的 VR 监测方法

VR 监测场景可以实时以 3D 的形式显示整个综采工作面的运行状态，主要依靠工作面实时传回的数据。这就需要建立与实际综采场景完全一致的虚拟模型和虚拟场景。将算法和公式编入程序中，并预留接口，读取实时工作面数据，才可以保持与工作面装备状态进行同步。

其中虚拟场景的建立等技术在第 2 章和第 3 章已有明确介绍，在此不再赘述。除以上介绍的技术，还需解决以下 6 个问题：

4.4.1 VR 环境下状态变量的预留

要想控制虚拟设备的运动和状态，需要预留虚拟变量，控制虚拟变量就可以控制虚拟设备进行动作，具体步骤为：使虚拟零部件与定义的虚拟变量对应，接着把姿态解析结果、转换角度和融合算法编入 C#程序中，将真实的传感数据实时赋给虚拟变量，进而操纵虚拟零部件进行运动，虚拟装备就会实时呈现出真实的运动状态。

模型运动方面，所有运动通过即时演算完成，不采用动画化的方式，最大限度保证对实际场景的还原能力。模型建立完成后，通过其上的父子级关系挂载的脚本控制其运动。需要精确控制的部分可以在 FixedUpdate( )方法中写入一个含参数的运动命令，通过控制参数实现精确控制运动。

通过预留接口可以达到以下两个目的：一是通过这些变量的改变去操纵虚拟设备运行，二是可以通过实时显示变量数值大小对设备的运行状态进行监测。

虚拟“三机”的预留控制变量分别见表 4-1、表 4-2 和表 4-3。

表 4-1　虚拟采煤机预留的控制变量

名　称	变　量	函 数 名	变量范围
左摇臂转动角度（°）	ZuoRotAngle	ZuoYaoBiLianDong（float ZuoRotAngle）	-10 ~ +30
右摇臂转动角度（°）	YouRotAngle	YouYaoBiLianDong（float YouRotAngle）	-10 ~ +30

表 4-2　虚拟液压支架预留的控制变量

名　称	变　量	函 数 名	变量范围
序号	ZZID	—	1 ~ 100
后连杆角度（°）	HouLianGanRotAngle	SiLianGanLianDong（HouLianGanRotAngle）	47 ~ 57
推移液压缸伸出长度/mm	TuiYiYouGangShenChang	TuiYiYouGangShenChangFunction（TuiYiYouGangShenChang）	0 ~ 600
护帮板角度（°）	HuBangBanJiaoDu	HuBangBanFunction（HuBangBanJiaoDu）	25 ~ （-70）
移架长度（°）	DiZuoQianYi	YiJiaFunction（DiZuoQianYi）	0 ~ 600

表 4-3　刮板输送机预留的控制变量

名　称	变　量	函 数 名	变量范围
序号	GBJID	—	1 ~ 100
横向倾角（°）	HengXiangRotAngle	SiLianGanLianDong（HouLianGanRotAngle）	-20 ~ +20
纵向倾角（°）	ZongXiangRotAngle	TuiYiYouGangShenChangFunction（TuiYiYouGangShenChang）	-5 ~ +5
弯曲偏航角度（°）	PianHangJiaoDu	HuBangBanFunction（float HuBangBanJiaoDu）	-3 ~ +3

4.4.2　实时读取与接入数据方法

在 SQL Server 数据库表中建立各种信号表，用以实时接收组态王传输回的数据。VR 监测程序留有数据库接口，可以与数据库实时连接并读取数据，数据经过虚拟代理传输给虚拟变量，从而驱动相应的虚拟设备进行相对应的动作。更多的数据方法详见 4.5 节和 4.6 节。

4.4.3　底层数学模型实时计算方法

为了使监测更加可靠与充满真实，必须充分利用获得的“三机”实时数据，在后台和底层进行运算。主要是利用第 3 章的几种方法在 matlab 程序中编译成 dll 文件，进行底层模型的链接，再把预测结果展现在画面上与实际运行的结果进行对比。底层模型种类如图 4-5 所示。

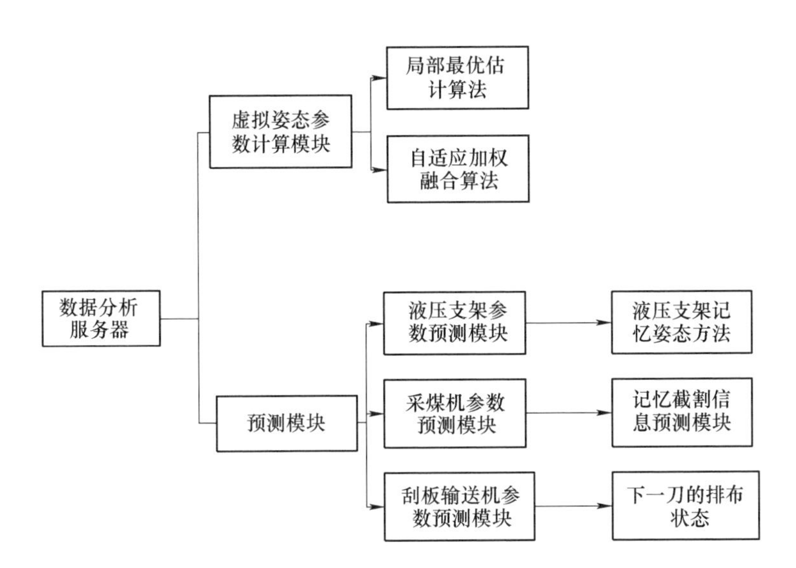

图 4-5　利用历史数据进行分析的预测模块

4.4.4　采煤环境信息的实时渲染

井下环境建模主要包括顶底板曲线的智能化实时渲染。根据采煤机实时姿态信息和截割工况，实时求解前后滚筒截割高度，进而得到截割顶板和底板信息，并在 xml 文件中实时更新。虚拟环境读取 xml 文件中的数据并进行渲染，从而得出虚拟顶底板曲线。

每条截割顶底板曲线是由每个截割关键点进行连接形成，每个截割关键点用一个小圆点绘制。具体方法为定义截割关键点虚拟物体数组 DingBan，将物体加入场景列表中，结合 xml 数据，进行实时生成并利用 line 命令连线。每两个相邻截割点的连线均利用 nurbs 或者 Beizer 曲线进行平滑处理。

每当走过很多个循环之后，会出现多个循环的数据点，连接数据点，就形成了三维地形（顶板和底板点），如图 4-6 所示。

图 4-6　虚拟三维地形

4.4.5　故障发生画面表示

根据工作面实时传回的数据，判断当前运行工况和可能出现的监测问题，在监测系统决策出当前问题后，在 VR 监测场景中实时渲染出相应问题的效果，生动及时地给井下操作人员和远程调度室监控人员展示当前问题，并给出远程人工干预的提示意见，为井下综采工作面 VR 监测提供预警功能所需的监测画面。

4.4.6　实时切换视频监控画面等方法在 VR 环境下的实现

VR 监测程序虚拟画面中会有一些特定推荐的虚拟摄像头位置，单击任意一个虚拟摄像头位置，就会以推荐的视角显示整个工作面的运行工况。这样在设备发生危险或者问题后，系统就可以迅速锁定问题设备附近虚拟摄像头进行观看，快速发现和解决问题。

虚拟摄像头建立的位置主要依据现有较先进的井下自动化智能开采设备中视频监控布置的位置。例如：刮板输送机的机头和机尾、在液压支架中每隔一定架数布置的摄像头和布置在采煤机机身上用于观测前后滚筒截割情况的摄像头。

4.5　基于 LAN 的虚拟监测与实时同步方法

由于综采工作面设备众多，如果只拥有一台监测主机，势必会造成服务器压力较大，VR监测画面运行不流畅或者出现卡顿现象，严重影响VR监测的可靠性。因此，本节提出“VR+LAN”的解决方案。“LAN”主要是指局域网协同。在局域网内利用网络技术实时同步数据和画面，利用“分布式处理”以及“云计算”等思想，进行VR环境下LAN的协同与同步。

4.5.1　主机协同方法与方式

VR监测上位机群中各监测主机的协同方式如图4-7所示，它们分别获取来自相对应数据服务器的信息，并将其他相对应设备的VR监测数据接收进行实时同步，并将自己的数据共享到网络视图中。

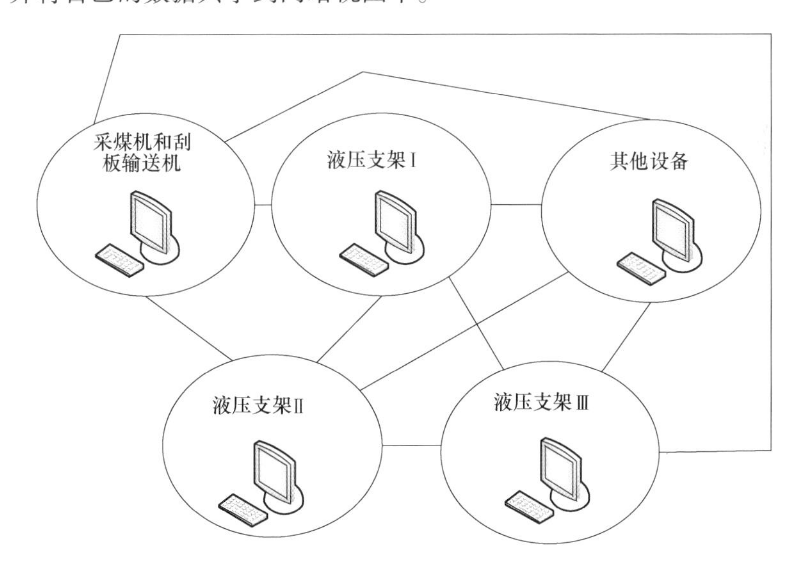

图4-7　各VR监测主机的协同方式

以采煤机与刮板输送机VR监测程序为例进行分析，其虚拟局域网协同接口是将采煤机与刮板输送机的实时数据，通过Unity3D软件中的NetworkView组件中的RPC命令向其他几个设备的VR监测程序进行实时发送，以及接收从其他几个设备的VR监测程序传来的相应设备的数据，驱动本画面中的其他几个设备的虚拟模型进行相应动作，从而合成一个整体工作面全景画面，使安装有采煤机与刮板输送机VR监测程序的监测主机可以对整个全景综采工作面进行监测，工作原理与信息交互图如图4-8所示。

局域网协同方法的具体方案以采煤机与刮板输送机VR监测程序作为服务器，液压支架VR监测程序Ⅰ、液压支架VR监测程序Ⅱ、液压支架VR监测程序Ⅲ和其他设备VR监测程序作为客户机连接为例进行说明，步骤如下：

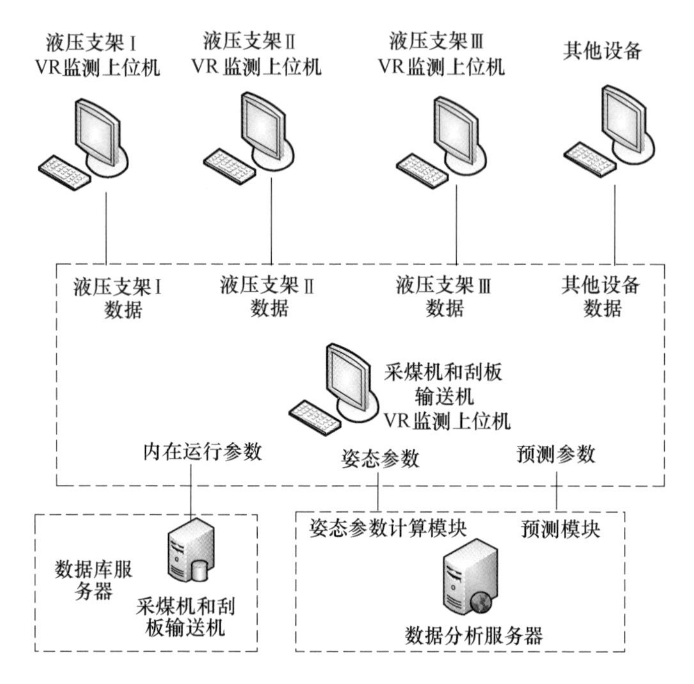

图 4-8　采煤机与刮板输送机 VR 监测主机与其他设备相关信息的交互图

（1）首先，在采煤机与刮板输送机 VR 监测程序中建立服务器：

NetworkConnectionError error = Network. InitializeServer(30, port, useNET);

（2）液压支架 VR 监测程序Ⅰ、液压支架 VR 监测程序Ⅱ、液压支架 VR 监测程序Ⅲ和其他设备 VR 监测程序均通过下述指令连接服务器：

NetworkConnectionError error = Network. Connect(ip, port);

这样所有的五部分 VR 监测程序就连接到了一个局域网中；

（3）采煤机与刮板输送机 VR 监测程序会获得虚拟场景中虚拟采煤机与虚拟刮板输送机的控制权，并将虚拟变量与 SQL Server 数据库服务器中 CmjGbj 表中的变量关联并读取，采煤机数据库变量及含义见表 4-4。这个过程通过以下代码实现：

cmd. CommandText = "SELECT * FROM CmjGbj where ID = (select MAX(ID) from CmjGbj)";//从数据库中获得最新传来的一条数据。

if (reader. Read()) {CmjPoistion = reader["CmjPoistion"]. ToString();//读取最新的采煤机位置数据；

……

表4-4 采煤机数据库变量及含义

序　号	变量名与数据库中关键字	含　义
1	CmjPoistion	采煤机位置数据
2	CmjFuYangJiao	俯仰角数据
3	CmjHengGunJiao	横滚角数据
4	CmjPianHangJiao	偏航角数据
5	CmjZuoGunTongZhuanJiao	左滚筒转角数据
6	CmjYouGunTongZhuanJiao	右滚筒转角数据
7	CmjZuoYouGangShenChang	左调高液压缸伸长数据
8	CmjYouYouGangShenChang	右调高液压缸伸长数据

（4）按照某种分配模式得到不同物体的控制权，主要通过ControlTag变量的数值进行标记，具体见表4-5；

表4-5 ControlTag序号与控制权获取

序　号	ControlTag数值	获取到的控制权
1	ControlTag = 0	虚拟采煤机与虚拟刮板输送机
2	ControlTag = 1	第1～50架虚拟液压支架
3	ControlTag = 2	第51～100架虚拟液压支架
4	ControlTag = 3	剩余部分虚拟液压支架
5	ControlTag = 4	其他虚拟设备

（5）采煤机与刮板输送机VR监测程序通过NetworkView组件中的RPC命令实时向液压支架VR监测程序Ⅰ、液压支架VR监测程序Ⅱ、液压支架VR监测程序Ⅲ和其他设备VR监测程序发送虚拟采煤机运行状态变量，这个过程通过以下代码实现：

```
if(ControlTag == 0){CmjGbjTransform_basic = GameObject.Find("CmjGbj").GetComponent<CmjGbj>().CmjGbj_Transform;
CmjGbjTransform_basic.GetComponent<NetworkView>().RPC("ReceiveControl", RPCMode.AllBuffered, CmjPoistion, CmjFuYangJiao, CmjHengGunJiao, CmjPianHangJiao, CmjZuoGunTongZhuanJiao, CmjYouGunTongZhuanJiao, CmjZuoYouGangShenChang, CmjYouYouGangShenChang);}
```

（6）而在液压支架VR监测程序Ⅰ、液压支架VR监测程序Ⅱ、液压支架VR监测程序Ⅲ和其他设备VR监测程序端均通过以下代码获取采煤机与刮板输送机VR监测程序中的数据，代码如下：

```
[RPC]
void ReceiveControl(float CmjPoistion, CmjFuYangJiao, float CmjHengGunJiao, float CmjPianHangJiao, float CmjZuoGunTongZhuanJiao, float CmjYouGunTongZhuan-
```

Jiao,float CmjZuoYouGangShenChang,float CmjYouYouGangShenChang){

CmjPoistion = CmjPoistion_Others;//采煤机位置同步

CmjFuYangJiao = CmjFuYangJiao_Others;//采煤机俯仰角同步

……//采煤机其他数据同步}

(7) 同步控制和显示是通过将虚拟采煤机的位姿属性设定为 ref 类型完成的，即调用和更改数据时，直接改变原文件数据；

void OnSerializeNetworkView(BitStream stream, NetworkMessageInfo info)

{if (stream. isWriting) {float CmjPoistion = CmjPoistion_Others;stream. Serialize (ref CmjPoistion);}

Else{ float CmjPoistion =0;stream. Serialize(ref CmjPoistion);//采煤机位置数据更新

……//采煤机其他数据更新}

4.5.2 基于 RPC 技术的协同与数据流动

要想实现网络协同功能，必须将整个场景网络化，如图 4-9 所示。具体办法

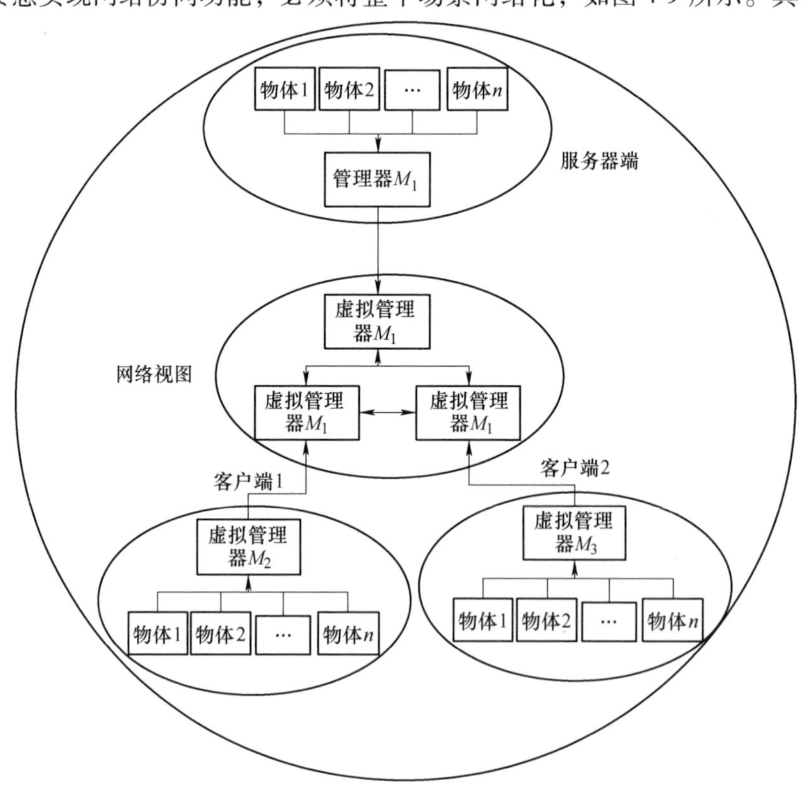

图 4-9 网络协同框架图

就是将每一个虚拟设备都网络化。由前面建立的各个设备的接口变量可知，“三机”的虚拟协同其实就是各个虚拟设备的虚拟变量之间的协同。每个物体均有一个管理节点，负责管理每台设备，每台设备对应的 NetworkView 视图中对应一个虚拟镜像，每台设备的虚拟镜像之间可以互相交互，而每个虚拟镜像又与对应的管理节点对应，以此将数据反馈给设备。

所有设备均添加 NetworkView 组件，通过 RPC 函数完成数据同步。RPC 函数既可以本地调用也可以远程调用，非常灵活简便，该函数在调用时直接在被调用处执行。因为网络视图的同步已经在时刻返回程序运行状况，所以此处采用的是异步调用，即调用后不等待执行结果返回。

为了保证网络化的系统尽可能贴近实际系统，该系统采用授权服务器模式，所有运算集中在服务器运行程序上，客户端拥有的是获取信息和输入命令的权力，并不直接参与运算，这样可以最大限度保证系统运行的稳定。所有物体的运动参数通过一个 RPC 函数控制，随时接受远程调用。

4.6　多软件实时耦合策略

网络 I/O 模块将各传感器采集的信息接入高速网络通信平台，通过 Modbus TCP 协议接入组态王监测主机，组态王监测系统可以将采集的数据实时上传 SQL Server 2008 数据库，VR 监测主机可以实时调用同处在一个局域网内的数据库中的数据，这样就完成了数据到 VR 主机的连接，如图 4-10 所示。然后 Unity3D、Matlab 与 SQL Server 等软件进行实时交互。

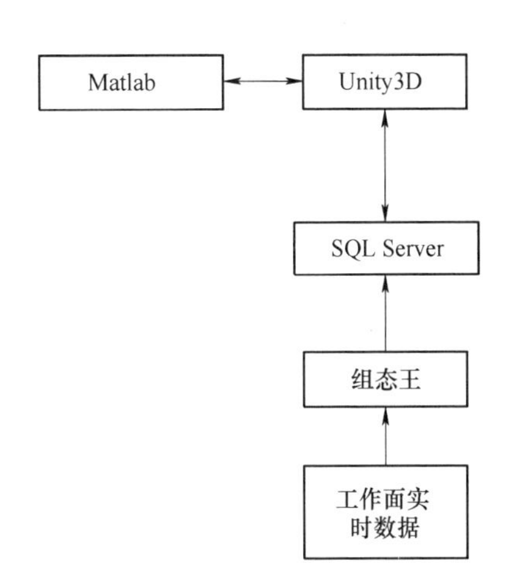

图 4-10　软件相互交互图

4.6.1 组态王 + SQL Server

各部分组态王监测程序分别从信号采集与传输系统实时采集相对应的设备数据，并且通过 ODBC 接口传输到相对应的数据库。

以采煤机和刮板输送机组态监测程序为例进行分析。首先建立好 ODBC 接口后，在 KingView 软件中，写入连接代码，开启监测界面，设置插入频率，就可以把数据实时传输到数据库服务器中，组态王数据存储命令如图 4-11 所示。

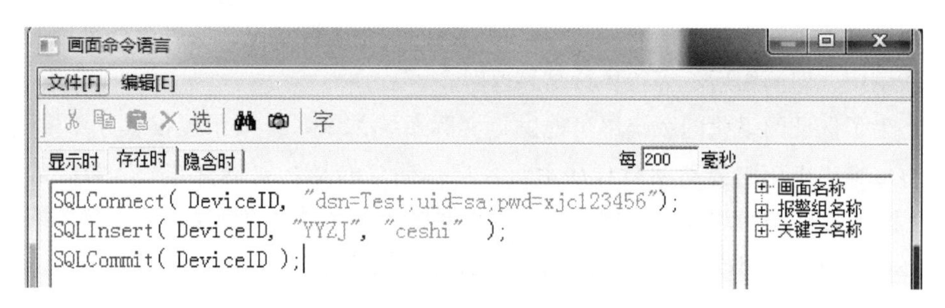

图 4-11 组态王与 SQL Server 连接

图中 DeviceID 为连接数据库时产生的设备标识，其在连接的过程中保持不变。存入数据时，根据上位系统与服务器之间唯一的设备标识，在组态系统中创建表格模板 ceshiCmj 和 ceshiGbj，建立记录体 Cmj 和 Gbj，然后分别通过 SQLConnect 命令进行关联，再通过 SQLInsert 命令使相关表格和记录体与 SQL Server 服务器中的 CmjGbj 表关联，SQLCommit 表示把数据插入到数据库中。本章设置插入频率为 200ms。

4.6.2 SQL Server + Unity3D

Unity3D 中使用 Start( ) 和 Update( ) 等函数进行程序编写。其中 Update( ) 函数是在每次渲染新的一帧时才调用，且根据计算机配置、画面质量不同，调用速度不一致；FixedUpdate( ) 函数则是在固定的时间间隔执行，不受帧率的影响，因此，本章选择 FixedUpdate( ) 函数进行事件更新。

在数据可以实时传入 SQL Server 数据库后，需要 Unity3D 软件利用 C#语言编写的接口与数据进行实时交互。在 VR 监测程序运行过程中，可设置相对应的读取更新频率，例如选择更新频率为 200ms，其含义就是 1s 调用 5 次数据，读取信息后，按照信息融合算法，进行处理后，传递给虚拟模型进行运动。如图 4-12 所示。

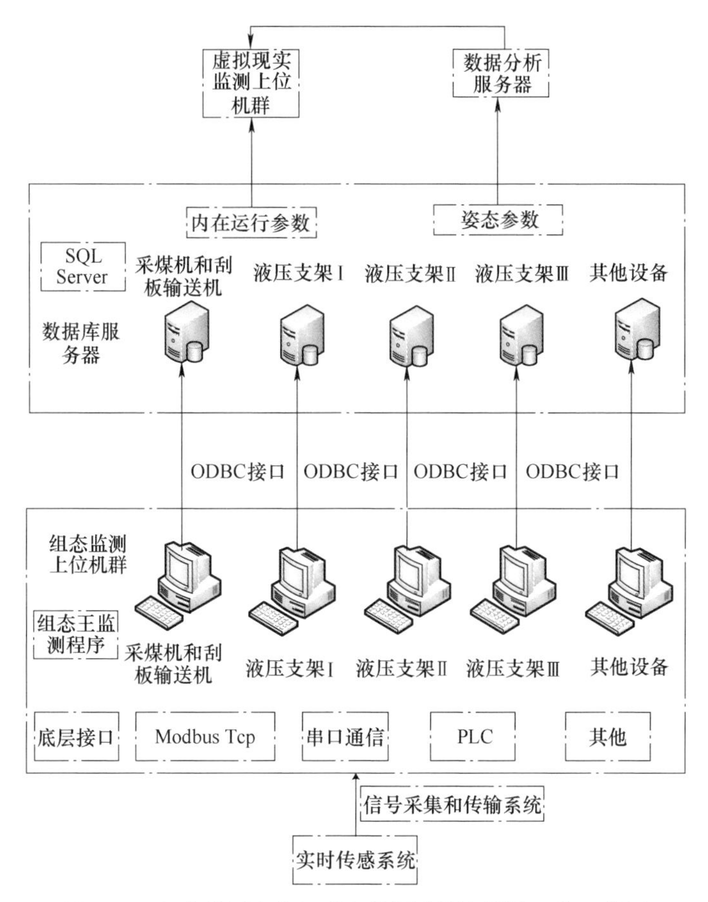

图 4-12　组态监测上位机群和数据库服务器的工作示意图

4.6.3　Matlab 软件计算结果处理

数据分析服务器是集成有 Matlab 软件与 Unity3D 软件的高性能服务器，并且可以实时获取数据库服务器的数据进行分析，包括虚拟姿态参数计算模块和预测模块，并且每个模块均已将算法编译好，发布为 dll 文件。其中虚拟姿态参数计算模块是通过多传感器信息融合技术，利用一个传感器一段时间内的多个数据，利用特定的算法进行计算以及对多个具有相关度的传感器数据进行 2 次的信息融合，最大限度地提高姿态参数数据的准确性。

4.7　原型系统开发

在完成系统设计及关键技术的研究后，接下来进行原型系统的开发，系统左上角部分为综采装备监控面板，如图 4-13 所示，开发出的界面效果如图 4-14 所示。

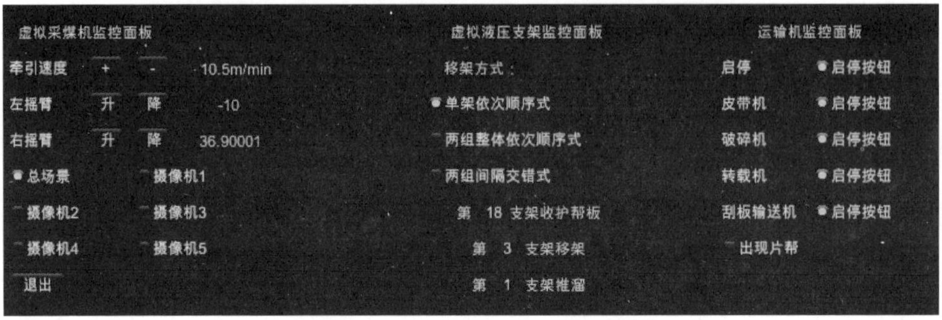

图 4-13 综采装备虚拟监控面板

从左到右依次为采煤机、液压支架和运输机的监控面板，其中采煤机包括牵引速度，左右摇臂的状态及操纵按钮。液压支架包括移架方式和整体进行动作（收护帮板、移架和推溜）的支架序号。运输系统操控面板，包括皮带机、破碎机、转载机和刮板输送机的启停指示。

在采煤机监控面板下方是辅助第二视角选择，包括总场景、机头、机尾、架间以及采煤机上的摄像头，按照真实工作面布置的摄像头的视角进行快速监测，主画面显示全景，辅助画面与主画面互相配合，共同完成对综采运行状态的实时

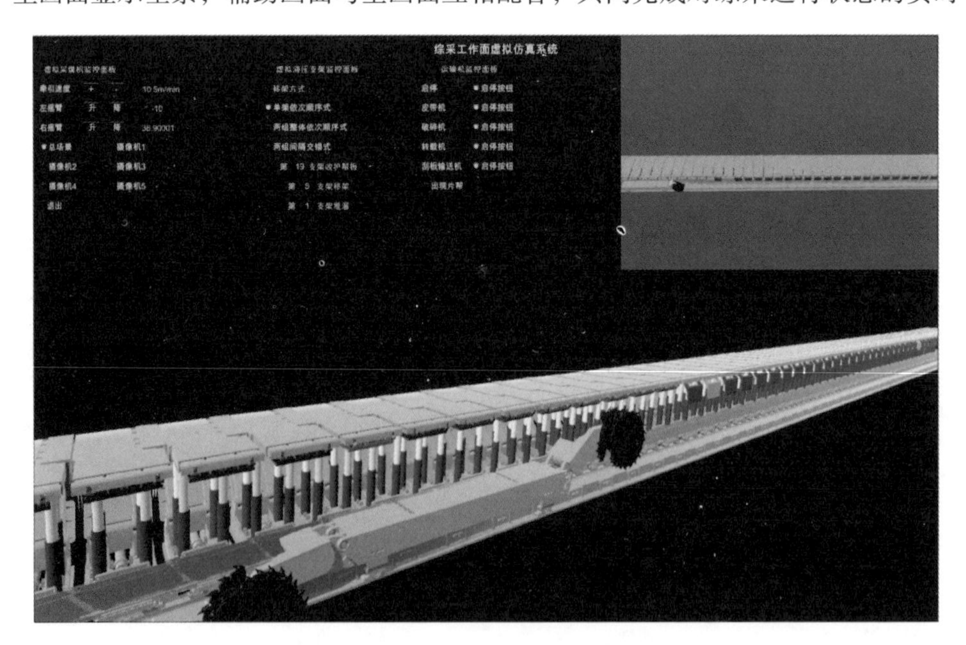

图 4-14 原型系统界面 1

监测。

VR 监测可以与井下综采工作面真实的视频监控系统进行对比，互相配合对综采运行状态进行实时监测。

本书提出的“VR + LAN”环境下的“三机”工况监测系统，本质上是一种基于局域网协同的综采工作面 VR 监测方法和系统，与现有技术相比，可以完成以下功能：

（1）本 VR 监测方法在 LAN 环境下对综采装备运行工况进行监测，采取模块化设计，虚拟设备实时读取存放在数据库服务器中的负责监测的相应设备经过各种算法计算而得到的二次高精度姿态数据并进行驱动，而各模块之间是通过局域网内的底层协议进行协同，有效地解决了服务器压力较大，VR 监测画面运行不流畅或者出现卡顿的问题。

（2）本 VR 监测方法在监测过程中，利用组态软件把数据存储到数据库中，并设置数据分析模块，利用历史数据，进行分析与建模，对综采装备运行状态进行预测。

（3）本 VR 监测方法在监测中融入数据，建立了高质量集成式全景工作台，全面系统地实时用 VR 方式监测综采工作面的设备运行情况。

4.8 小结

本章对 VR 环境下综采工作面“三机”工况监测系统进行介绍。首先对“Digital Twin”思想与综采工作面装备融合进行分析，接着对系统进行总体设计，包括系统设计目标、软件设计、硬件设计和功能设计等，再接下来对基于 Unity3D 软件的 VR 监测方法中的变量预留、虚拟接口等六大关键技术和基于 LAN 的 VR 监测与实时同步方法进行研究，然后对“组态王 + SQL Server + NetWorkView + Matlab”多软件实时耦合策略进行研究，为 VR 监测提供软件技术支撑，最后对原型系统进行设计与介绍。

第5章

VR 环境下综采工作面“三机”动态规划方法

5.1 引言

在综采设备的选型设计阶段往往需要综合考虑地质地形和煤炭赋存条件、工作面参数和设备配套以及布置要求等众多的限制因素，因此综采装备选型周期长、难度大，煤矿企业迫切需要有一种能够快速选择配套装备，能够对预选装备方案的工作状况进行预演与规划，提前发现装备运行中可能出现的各种问题，在众多方案中选择最优的方法。

因此，将所有的综采装备元素全部数字化，然后在数字化层面，将生产过程中所有的环节全部模拟仿真并且进行分析，预测实际装备投入生产后将会发生什么，就可以防止在实际生产中发生诸多问题后所造成的损失。数字化后，在设计选型阶段就可以看到整个生产过程，规划操作细节和策略，提高生产效率，预测可能出现的问题，对整个系统进行优化，一开始就尽可能的检验装备的一切，在虚拟环境中仿真和验证整个生产过程，将选型设计与工艺规划集成到一起，进行在线评估和数字化规划。

本章提出了一种基于 MAS（Mulit-Agent-System）的 VR 协同规划方法，并建立了原型系统（FMUnitySim），可以对工作面环境信息、选型设计、装备配套、装备自动化水平、装备性能指标、装备任务模型与任务协调、采煤工艺设计集成进而进行全景三维可视化快速规划预演，完整真实地再现整个工作面的运行状态，从而帮助煤炭企业在实际生产之前即能在虚拟环境中优化、仿真和测试，在综采装备运行生产过程中也可同步优化整个生产流程，最终实现安全高效可靠的生产。

5.2 “三机”VR协同规划环境框架设计

在“工业4.0”的大背景下，西门子提出了数字孪生模型，可以将实际加工生产过程的所有的元素全部数字化，然后在数字化层面，将生产过程中所有的环节全部通过模拟仿真分析出来，预测实际投入生产后将会发生什么，从而防止在实际生产或投产过程中发生诸多问题后所造成的投资损失。目前，煤矿装备领域VR研究的数字化设计能力还比较低，VR技术与煤矿装备的融合还有很大潜力可挖。本章从数学和人工智能的角度提出了一种基于MAS的综采工作面“三机”VR协同规划仿真方法，并建立了原型系统FMUnitySim，可以对“三机”关键参数进行在线规划并调控。

5.2.1 总体框架

“三机”VR协同规划环境总体框架如图5-1所示，主要是在动态环境数学模型的基础上，基于MAS理论，利用VR仿真引擎Unity3D，采用C#脚本进行“三机”虚拟行为的编译。整个规划过程可以进行可视化的实时预演，并实时获取相关过程数据进行分析，从而获得最优参数。

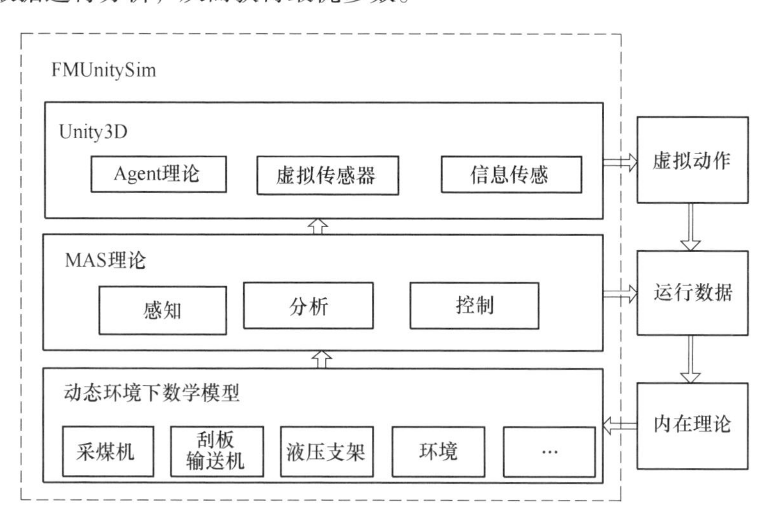

图5-1 “三机”VR协同规划环境总体框架

5.2.2 “三机”协同数学模型

“三机”协同是依据采煤机位置，前方的液压支架收回护帮板，后方的液压支架及时移架，实现对割煤后的悬空顶板及煤壁的支护；同时对完成移架后的液压支架进行推移，控制刮板输送机，并将落下的煤块装载到刮板输送机上运出。“三机”协同的目标是实现工作面采煤设备的自动迁移，并保证采煤机与液压支架互不干涉，刮板输送机保持良好的运行姿态，重点保证其直线度，对工作面顶板、煤壁进行有效管理，确保支护强度达到设定的初撑力。

为达到这个目的，“三机”需紧密配合并与井下环境进行交互。对于工作面不同的地质赋存条件，“三机”互相影响因素分析如图 5-2 所示。

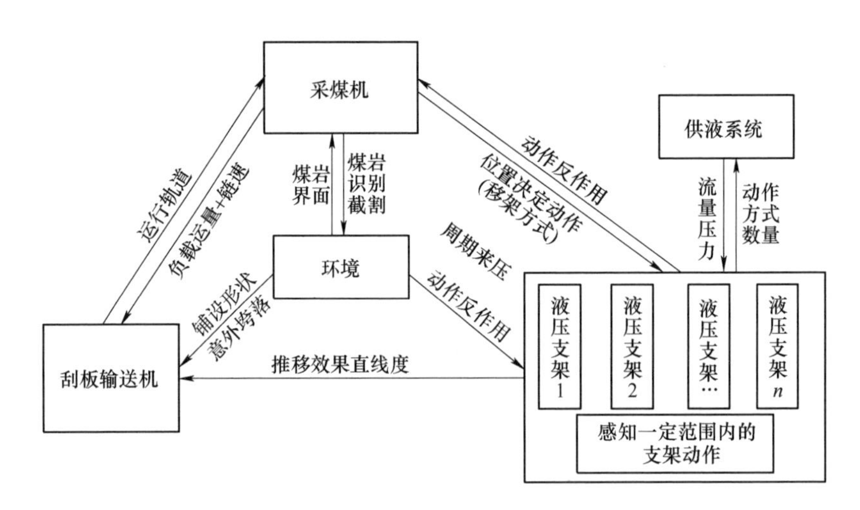

图 5-2 “三机”协同运行相互影响因素分析

（1）“三机”协调运行应具有综合组织能力，可对不断变化的井下环境、设备条件、配套设备、采煤机运行速度和刮板输送机负载等信息进行综合分析并控制。

（2）“三机”协调运行应具有适应能力和优化能力，根据生产过程的各种场景，以及工作面顶板条件的变化情况，自动调整采煤机牵引速度、液压支架动作数量和动作控制参数。

5.2.3 基于 MAS 的“三机”协同规划模型

协调（coordination）与协作（cooperation）是多 Agent 研究的核心问题，使多个 Agent 的知识、愿望、意图、规划和行动得到协调以至达到协作，是多Agent 的主要目标。

多 Agent 系统中的协调是指多个 Agent 为了以一致、和谐的方式工作而进行交互的过程，进行协调是希望避免 Agent 之间的死锁或活锁。

因此，在本系统中，把采煤机、刮板输送机、群液压支架、液压系统、井下环境分别作为一个 Agent，并与其他 Agent 进行信息交互与感知，然后分别影响并控制自己的行为，实现整体协作从而达到高效采煤的目的。整个系统的相互关系如图 5-3 所示。

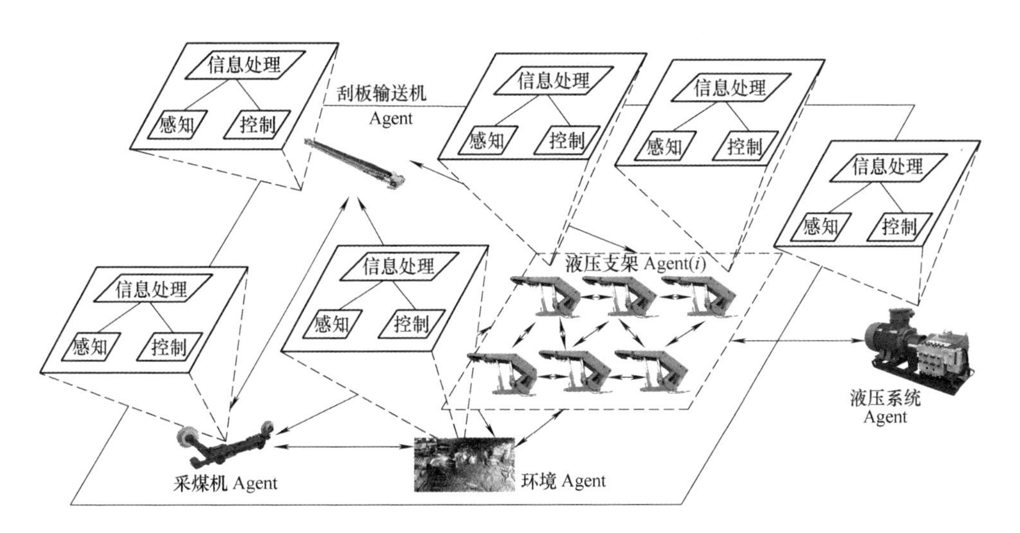

图 5-3　“三机”Agent 与井下环境等交互图

5. 2. 4　“三机”协同 VR 规划方法

在 VR 环境下，基于第 2 章和第 3 章的虚拟仿真方法，通过编写的 C#脚本实现对各设备的控制：

（1）虚拟采煤机在控制脚本 CmjAgent. cs 的控制下可以完成左右摇臂与左右液压缸的协同调高，牵引方向、牵引速度的控制，实现模拟真实采煤机运动的目的。

（2）虚拟刮板输送机在控制脚本 GbjAgent. cs 控制下，具备虚拟运煤并检测运量的能力和向煤壁侧推进的能力，以及为采煤机提供运行轨道的能力。

（3）液压支架在控制脚本 YyzjAgent. cs 控制下可以完成收伸护帮、收伸伸缩梁、降柱、移架、推溜等动作。

（4）液压系统在控制脚本 RhybAgent. cs 控制下可以为液压支架虚拟供液并检测本虚拟系统的流量和压力。

（5）井下环境在控制脚本 EnviAgent. cs 控制下可以构造出虚拟顶底板，并具备模拟虚拟矿压和顶板破碎等能力。

5.3 “三机”协同数学模型构建

5.3.1 采煤机牵引速度与刮板输送机运量耦合模型

刮板输送机通常需要保持额定负荷运转，但实际生产中刮板输送机的负荷会随采煤机牵引速度的变化而改变。在采煤机刚开始割煤的时候，刮板输送机处于相对轻载的状态，刮板链速度相对较慢，随着采煤机逐渐运行截割，刮板输送机上负荷达到额定负荷后，采煤机就需要减速，以保持这一平衡运行状态，否则就有可能出现刮板输送机超载而烧坏电动机的故障，因此需要进行采煤机牵引速度与刮板输送机运量的耦合分析与计算。

5.3.1.1 刮板输送机瞬时可以承受的最大负载

根据文献，刮板输送机运煤功率允许运煤量可由式（5-1）给出：

$$Q_{\text{permit}} = \left(0.83N_{\text{motor}} - \frac{2q_0 Lv_{\text{g}} f_1 \cos\beta}{102\eta}\right) \frac{102\eta}{v_{\text{g}}(\cos\beta \pm \sin\beta)} \tag{5-1}$$

针对 SGZ768/630 型刮板输送机相关参数，查阅《连续机械运输手册》并计算相关参数，可知运煤截面积为 $A_{\text{area}}=0.48\text{m}^2$。

溜槽内每米煤流重量可由式（5-2）求出：

$$A(t) = \begin{cases} \dfrac{Q(t)}{3.6K_{\text{g}}v_0} & \dfrac{Q(t)}{3.6K_{\text{g}}v_0} < A_{\text{area}} \\ A_{\text{area}} & \dfrac{Q(t)}{3.6K_{\text{g}}v_0} \geqslant A_{\text{area}} \end{cases} \tag{5-2}$$

式中，$v_0 = v_{\text{g}} \pm v_{\text{c}}$；$N_{\text{motor}}$为电动机负荷；$v_{\text{o}}$为 v_{c} 相对于 v_{g} 的速度；v_{g} 为输送机链速；v_{c}为采煤机牵引速度；η 为输送机传动机构效率，通常介于 0.9 ~ 0.95 之间；L 为工作面长度（m）；q_0为每米刮板链重量（kg/m）；l 为采煤机截割处距输送机卸载点距离；β 为煤层倾角（°）；f_1为刮板链运行阻力系数；$Q(t)$为从开始到 t 时刻刮板输送机总负荷；K_{g}为刮板输送机因运转条件差而导致的能力下降系数（一般取 1.1 ~ 1.15）。

5.3.1.2 过程分析

以机头向机尾割煤为例，在顶板起伏而底板平整的情况下进行分析，具体分析过程如图 5-4 所示。要使采煤过程中的 4 个阶段顺序发展并顺利转化，必须满足表 5-1 中所列条件。

表 5-1　4 个阶段的转换条件

转化阶段	条　件
a→b	$S_f(t_1) - S_f(t_0) + (L_y\cos\alpha_{S(t_1)} - L_y\cos\alpha_{S(t_0)}) > L_{wan}$
b→c	$\begin{cases} S_f(t_2) - S_f(t_1) + (L_y\cos\alpha_{S(t_2)} - L_y\cos\alpha_{S(t_1)}) = L_{gbj} \\ \int_{t_2}^{t_1} V_g \mathrm{d}t = L_{wan} + L_{JiTou} \end{cases}$
c→d	$S_r(t_3) - S_r(t_0) > L_{wan} + L_{JiShen} + L_y\cos\alpha_{S(t_0)} + \dfrac{D_{drum}}{2}$

表 5-1 中：t_0为采煤机开始运行初始时刻；t_1为采煤机前滚筒开始割煤的时刻；t_2为刮板输送机开始运出煤的时刻；t_3为采煤机后滚筒开始割煤的时刻；$S(t)$ 为采煤机机身在 t 时刻的位置；$S_f(t)$ 为采煤机前滚筒在 t 时刻的位置；$S_r(t)$ 为采煤机后滚筒在 t 时刻的位置；L_y为采煤机摇臂长度；$\alpha_{S(t)}$为采煤机在 $S(t)$ 位置时上摇臂相对机身的转角；L_{gbj}为前滚筒开始截割时刻 t_1 到运出煤时刻 t_2，采煤机行走的距离；L_{JiTou}为采煤机前滚筒到机头卸载点的距离；L_{JiShen}为采煤机左右摇臂铰接点之间的距离；L_{wan}为采煤机前方距煤层的距离；D_{drum}为采煤机滚筒直径。

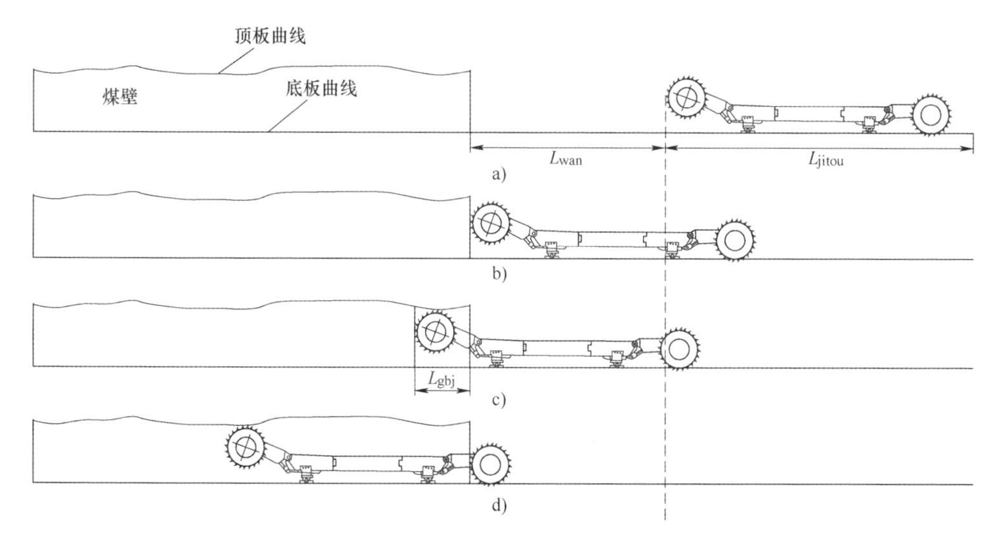

图 5-4　运煤过程分析

a）采煤机初始位置　b）前滚筒开始割煤　c）刮板输送机开始运煤　d）后滚筒开始割煤

5.3.1.3　截割质量计算

假设采煤机具有很好的煤岩识别装置或者操作人员可以很清晰地分辨出煤岩分界面，上滚筒则可近似处理为全部滚筒直径截割，下滚筒截割可按照上滚筒截割过后的轨迹进行求解，截割曲线如图 5-5 所示。

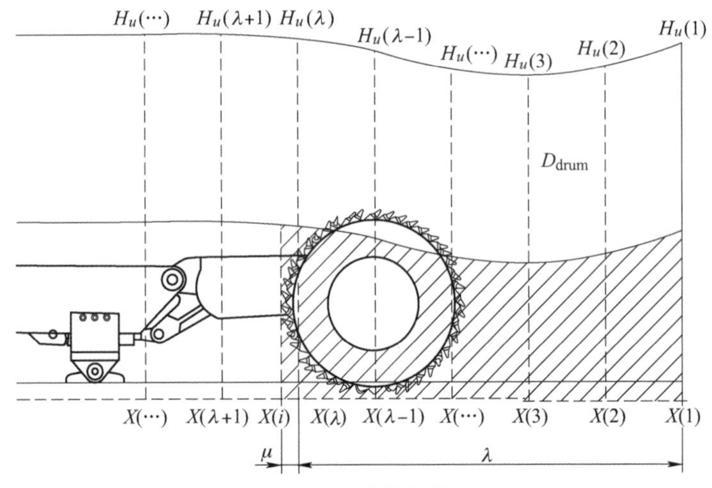

图 5-5　下滚筒截割曲线图

如图 5-5 所示，在 X 坐标上，每隔一段中部槽的长度对应一个截割高度特征点坐标为：$(X(\lambda), H_u(\lambda))$，于是下滚筒截割时其高度特征点可以表示为：$(X(\lambda), H_u(\lambda) - D_{drum})$。

假设采煤机后滚筒坐标映射到 X 坐标上，且后滚筒不做任何调高动作，当截割到第 i 点时，定义 $\lambda = \dfrac{(S_r(t) - S_r(t_3))}{D_{zbc}}$，余数 $\sigma = (S_r(t) - S_r(t_3))\% D_{zbc}$。

由于煤层形状变化缓慢，相邻两个截割轨迹点（即为一段中部槽的宽度）之间的截割曲线可以近似认为是直线段；相应地，下滚筒在两个截割轨迹点之间所截割的面积可近似看为一个梯形。

设 $X(i)$ 为煤层的第 i 段中部槽对应的 X 坐标；$H_u(i)$ 为煤层的第 i 段中部槽的 X 坐标对应的煤层高度；D_{zbc} 为中部槽宽度；J 为采煤机截深；ρ_{soild} 为实体煤密度；$\rho_{dispersion}$ 为散体煤密度；$f(S_r(t))$ 为采煤机后滚筒在 $S_r(t)$ 位置时，后滚筒的截割高度；$q(t)$ 为溜槽内当前的煤流质量。

于是，上下滚筒的割煤质量可分别由式（5-3）和式（5-4）给出：

其中上滚筒割煤质量 m_{front} 为

$$m_{front} = (S_f(t) - S_f(t_1) + L_y\cos\alpha_{t_1} - L_y\cos\alpha_t) D_{drum} J \rho_{soild} \tag{5-3}$$

下滚筒割煤质量 m_{rear} 为：

$$m_{rear} = \Big\{ \sum_{i=1}^{\lambda-1} (H_u(i) + H_u(i+1) - 2D_{drum}) D_{zbc}/2 + \Big[\frac{(H_u(\lambda+1) - H_u(\lambda))\sigma}{D_{zbc}} + 2(H_u(\lambda) - D_{drum}) \Big] \sigma/2 \Big\} J \rho_{soild} \tag{5-4}$$

考虑到瞬时上滚筒截割质量和瞬时下滚筒截割质量可分别由式（5-5）和式（5-6）表示，

$$m_{\text{Ins-front}}(t) = V_c D_{\text{drum}} J \rho_{\text{soild}} \tag{5-5}$$

$$m_{\text{Ins-rear}}(t) = V_c f(s_r(t)) J \rho_{\text{soild}} \tag{5-6}$$

于是，瞬时运出煤质量可以由式（5-7）表示如下：

$$m_{\text{Ins-transport}}(t) = q(t) v_g \rho_{\text{dispersion}} \tag{5-7}$$

而从开始运出煤的时刻到采煤机当前时刻的总运出煤量可以表示为式（5-8）：

$$m_{\text{total-transport}} = \sum_{i=t_2}^{t} m_{\text{Ins-transport}}(i) \tag{5-8}$$

刮板输送机瞬时负荷由式（5-9）表示：

$$Q(t) = m_{\text{front}}(t) + m_{\text{rear}}(t) - m_{\text{total-transport}}(t) \leqslant Q_{\text{permit}} \tag{5-9}$$

当达到刮板输送机最大可以承受的负载 Q_{permit} 时，即 $Q(t) = Q_{\text{permit}}$ 时，t 时刻刮板输送机负荷需满足式（5-10）：

$$Q_{\text{Ins}}(t) = m_{\text{Ins-front}}(t) + m_{\text{Ins-rear}}(t) - m_{\text{Ins-transport}}(t) < 0 \tag{5-10}$$

5.3.1.4　刮板输送机运量与井下环境耦合

在采煤机截割与液压支架跟机的过程中，有可能会出现煤壁突然垮落的现象，其是否发生主要取决于液压支架跟机距离和采高，且通常表现为：采高越大，跟机距离越大，出现煤壁垮落现象的概率就越大。

如果采煤过程中发生煤壁垮落现象，将会导致刮板输送机负载突变。本书规定：如果有一次煤壁垮落或负载突变出现，则发生范围 50m 内通常认为不会再次发生煤壁垮落导致负载突变。本研究中，假设在 50m 内，空顶距离达到 10 架后，负载突变发生的概率由式（5-11）表示：

$$f(p) = \begin{cases} 1 & D_{\text{follow}} \geqslant 10D_{\text{zbc}} \\ 0 & D_{\text{follow}} < 10D_{\text{zbc}} \end{cases} \tag{5-11}$$

式中，D_{follow} 为液压支架跟机距离。

负载突变可通过式（5-12）表示：

$$m_{\text{sudd}} = (-1)^{f(p)} \text{Random.Range}(0.75, 1) 2.5\text{t} \tag{5-12}$$

如果出现煤壁垮落的情况，则刮板输送机瞬时总负荷必须小于电动机允许的最大载荷，可由式（5-13）表示：

$$Q(t) = m_{\text{front}}(t) + m_{\text{rear}}(t) - m_{\text{total-transport}}(t) + m_{\text{sudd}} \leqslant Q_{\text{permit}} \tag{5-13}$$

5.3.2　采煤机牵引速度、调高动作与煤岩环境耦合模型

虚拟采煤机在碰到前方起伏高低不平的虚拟顶板时，可以结合自身能力自行

做出规划。

每当采煤机行走一个中部槽的距离后，采煤机会提前读取前方对应关键点的顶板高度，并将获取的顶板高度数据与此刻滚筒高度数据对比，结合采煤机自身液压系统的调高能力，决定进行下一步的调高动作。

假设采煤机行走到 t 时刻，则前摇臂转角 $\alpha_{S(t)}$ 可以由式（5-14）计算：

$$\alpha_{S(t)} = \arcsin\left(\frac{H_u(i) - H_c - \frac{D_{drum}}{2}}{L_y}\right) \tag{5-14}$$

式中，H_c 为采煤机机身高度。

在调高过程中，可能因为控制策略或者煤层高度探测误差，而出现采煤机截割高度超过煤岩分界面致使截割到岩石的情况，此时采煤机的虚拟电流 I_{motor} 会被判定为过大，因而需要相应降低摇臂的高度。

判定条件如下：$L_y \sin\alpha_i + H_c + \frac{D_{drum}}{2} > H_{ui}$。

5.3.3 液压支架跟机控制与采煤机速度耦合策略

5.3.3.1 移架方式的匹配方式

综采工作面“三机”协同最重要的影响因素是采煤机牵引速度 V_c 与液压支架移架速度 V_y 的协同，具体可见 3.2.3.1 节。

定义变量 *YiJiaFangShi* 和 N，分别用来标记当前液压支架的移架方式和正在进行移架动作的液压支架序号，当 *YiJiaFangShi* = 1 时，代表此时为顺序移架方式，N 值唯一；当 *YiJiaFangShi* = 2 时，代表此时为交错成组移架方式，N 取较小值的序号。

5.3.3.2 液压支架有限状态机模型

液压支架有 6 个状态，状态用 state(m) 来表示，m 则分别用 1 到 6 来标记，表 5-2 为状态标记对应表。

表 5-2　液压支架状态标记对应表

支架状态	收护帮	降柱	移架	升柱	顶板支护	推溜
state	1	2	3	4	5	6

液压支架（m）需实时检测本架与采煤机前滚筒与后滚筒之间的运行关系，如满足 3.2.3 节建立的规则一、规则二、规则三则执行相应动作。

5.3.3.3 顺序移架方式的实现

当 *YiJiaFangShi* = 1 时，为顺序移架方式。条件关系如式（5-15）所示：

$$\text{state}(z)=\begin{cases}1 & S_{zj}(z)-S_f(t)>2D_{zbc}\\ 2 & [S_r(t)-S_{zj}(z)>(2\sim6)D_{zbc}]\cap[\text{state}(z-1)=5]\\ 3 & [\text{state}(z)=2]\cap[H_u(z)-H_{zj}(z)\geqslant H_{down}]\\ 4 & [\text{state}(z)=3]\cap[S_{tuiyi}(z)=J]\\ 5 & [\text{state}(z)=4]\cap[H_u(z)-H_{zj}(z)\leqslant 0]\\ 6 & [S_r(t)-S_{zj}(z)>(7\sim10)D_{zbc}]\cap[\text{state}(z)=5]\end{cases}\tag{5-15}$$

式中，$S_{zj}(m)$为第 m 号支架的位置；$H_{zj}(m)$为第 m 号支架的支撑高度；H_{down}为立柱降低的高度；$S_{tuiyi}(m)$为第 m 号支架的推移液压缸伸长长度。

5.3.3.4　交错移架方式的实现

当 $YiJiaFangShi=2$ 时，为间隔交错移架方式。设液压支架 z 与 $z+2$ 保持同步交错移架方式，其中液压支架 z 条件关系与顺序移架方式计算公式相同，$z+2$ 则需要与 z 进行同步即可，条件关系式见式（5-16）：

$$\text{state}(z+2)=\begin{cases}1 & S_{zj}(z)-S_f(t)>2D_{zbc}\\ 2 & \text{state}(z)=2\\ 3 & [\text{state}(z)=3]\cap[H_u(z+2)-H_{zj}(z+2)\geqslant H_{down}]\\ 4 & [\text{state}(z)=4]\cap[S_{tuiyi}(z+2)=J]\\ 5 & [\text{state}(z)=5]\cap[H_u(z+2)-H_{zj}(z+2)\leqslant 0]\\ 6 & [S_r(i)-S_{zj}(z)>(7\sim10)D_{zbc}]\cap[\text{state}(z+2)=5]\end{cases}\tag{5-16}$$

5.3.3.5　移架方式的切换

当跟机距离达到 11 架时，虚拟采煤机开始每帧减速，上一架移架完毕后，切换至交错移架方式；当跟机距离小于 3 架时，虚拟采煤机开始加速，上一架移架完毕后，切换至顺序移架方式。

5.3.4　液压支架跟机与顶底板条件耦合策略

对于井下环境状况良好的情况，液压支架的移架需要跟随采煤机的位置与速度进行匹配调整，适用于 3.3.2 节所述的规则一至规则三；对于顶板破碎的工作面，应采用擦顶待压移架方式，防止顶板冒顶。对于矿压大的工作面，液压支架降柱动作缓慢，液压支架泄压时间较长。

随着工作面设备的持续运转，如果过滤器件出现堵塞等问题，会使得液压缸动作速度逐渐变得缓慢，并且上述问题可能在任意时刻、任意支架上发生，这样会使液压支架跟机动作质量无法得到有效控制。液压支架移架动作时间公式见式（5-17）：

$$t_{norm-move} = (n_{broken})(n_{press})\left(n_{hy}n_{condition}\left(\frac{H_{rise}}{S_{r-l}} + \frac{H_{down}}{S_{d-l}} + \frac{J}{S_{r-t}}\right)\right) \tag{5-17}$$

式中，n_{broken}为顶板破碎影响参数；n_{press}为矿压影响参数；n_{hy}为动作方式影响系数；$n_{condition}$为设备工况影响系数；H_{rise}为立柱升高的高度；S_{r-l}为液压支架立柱的作用面积参数；S_{d-l}为推移液压缸的液压缸作用面积。各参数取值见表 5-3，B_{normal}是顶板破碎程度的临界值；$B_{zj}(i)$是第 i 架液压支架对应顶板的破碎程度；P_{normal}是液压支架对应顶板矿压临界值；$P_{zj}(i)$是第 i 架液压支架的对应顶板矿压值。

表 5-3　工况系数取值表

系　数	取　值	条　件
n_{broken}	1.5～2.0	$B_{zj}(i) \geqslant B_{normal}$
	1	$B_{zj}(i) < B_{normal}$
n_{press}	1.3～1.5	$P_{zj}(i) \geqslant P_{normal}$
	1	$P_{zj}(i) < P_{normal}$
n_{hy}	1～1.1	$YiJiaFangShi = 1$
	1.3～1.5	$YiJiaFangShi = 2$
$n_{condition}$	1～1.15	运行时间越长，取值越偏大

5.3.5　刮板输送机形态与液压支架推移液压缸耦合模型

刮板输送机在采煤机进刀时会形成一个 S 形的弯曲段，而在采煤机正常割煤时，需要刮板输送机每节中部槽保持其直线度。假设顶板平整，并且每台液压支架正常推进后仍保持正常姿态，不出现歪架等现象，因此，刮板输送机的 S 形以及直线度就取决于对应液压支架推移液压缸的伸长量 $S_{tuiyi}(m)$。

5.4　“三机”Agent 模型构建

Agent 是指那些处于复杂动态环境中，自治地感知环境信息，自主采取行动，并实现一系列预先设定的目标或任务的计算系统。在本节中，将采煤机、刮板输送机、液压支架、液压系统和井下环境等均作为 Agent，进而在虚拟环境中进行感知与交互，互相协作完成采煤任务。现在要做的是研究多个 Agent 之间的通信方式、协调和冲突消解等问题。

以下是对每个 Agent 模型的详细介绍。

5.4.1 采煤机 Agent 模型

采煤机 Agent 模型如图 5-6 所示。其中，感知通信模块用于与其他 Agent 进行交互，然后在逻辑信息处理模块中进行推理与决策，最后交给执行和控制模块进行虚拟采煤机的控制。采煤机感知任务与虚拟采煤机感知变量对应关系见表 5-4，采煤机控制任务与虚拟采煤机控制变量（CmjAgent. cs）对应关系见表 5-5。

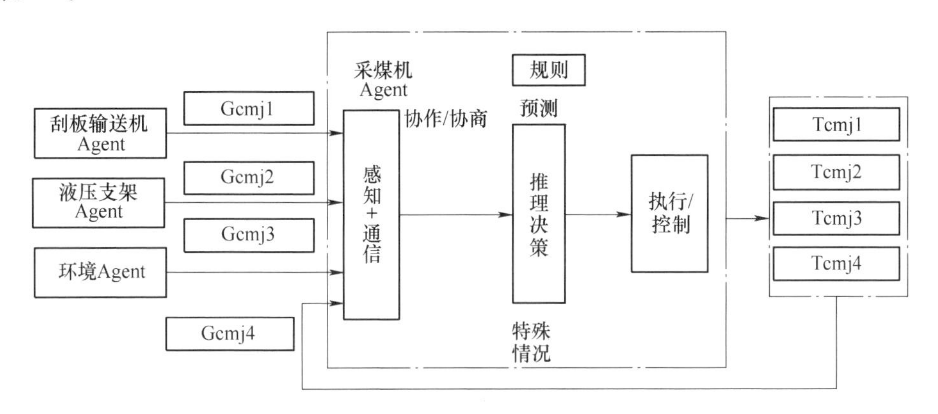

图 5-6 采煤机 Agent 模型

表 5-4 采煤机感知任务与虚拟采煤机感知变量对应关系

序号	采煤机感知任务	虚拟采煤机感知变量
1	Gcmj1：煤岩识别任务，获取滚筒前方下一个顶板点的坐标	$H_u(i)$
2	Gcmj2：感知刮板输送机（超载、轻载）	$Q(t)$，$Q_{\text{Ins}}(t)$
3	Gcmj3：感知液压支架（跟得上、跟不上、围岩条件）	N，D_{follow}
4	Gcmj4：感知自身	I_{motor}

采煤机控制任务：

表 5-5 采煤机控制任务与虚拟采煤机控制变量对应关系

序号	采煤机控制任务	虚拟采煤机控制变量
1	Tcmj1：左液压缸伸缩控制（伸长、缩短、保持）	$\alpha_{S(t)}$
2	Tcmj2：右液压缸伸缩控制（伸长、缩短、保持）	$\alpha_{rS(t)}$
3	Tcmj3：牵引速度控制（增大、减小、保持）	V_c
4	Tcmj4：更新运动轨道控制（轨道识别、换向）	$S_{\text{tuiyi}}(1)$，…，$S_{\text{tuiyi}}(m)$，…，$S_{\text{tuiyi}}(m_{\max})$
5	Tcmj5：虚拟电流（是否超限）	I_{motor}，$\alpha_{S(t)}$

采煤机逻辑信息处理模块：

采煤机的牵引速度应与顶板、刮板输送机和液压支架进行协同调速处理。与液压支架耦合主要为跟机距离，既不能大于最大允许距离，又不可以小于最小安全距离；与刮板输送机运量耦合，不能大于最大运量，瞬时采煤量不得大于瞬时运煤量；与顶板耦合，获取下一个顶板点坐标，结合液压系统自行调高运行。

5.4.2 刮板输送机 Agent 模型

刮板输送机 Agent 模型主要分为两大部分，第一部分是刮板输送机的形态，详见 3.5 节。第二部分是煤量负载检测详见 5.3.1 节。刮板输送机感知模块与虚拟刮板输送机感知变量对应关系见表 5-6，刮板输送机控制任务与虚拟刮板输送机控制变量（GbjAgent.cs）对应关系表 5-7。

表 5-6 刮板输送机感知任务与虚拟刮板输送机感知变量对应关系

序号	刮板输送机感知任务	虚拟刮板输送机感知任务
1	Ggbj1：煤量负载检测装置控制	$Q(t)$，Q_{Ins}
2	Ggbj（i）2：感知左右相邻的溜槽的姿态	$S_{\text{tuiyi}}(i-1)$，$S_{\text{tuiyi}}(i)$，$S_{\text{tuiyi}}(i+1)$

表 5-7 刮板输送机控制任务与虚拟刮板输送机控制变量对应关系

序号	刮板输送机控制任务	虚拟刮板输送机控制任务
1	Tgbj1：刮板输送机链速控制	V_g

刮板输送机逻辑信息处理模块

当刮板输送机负载超过最大允许负载时，需实时检测瞬时前滚筒割煤量、瞬时后滚筒割煤量和瞬时运出煤量。如果前两者之和大于第三者，采煤机必须减速。

5.4.3 液压支架 Agent 模型

现在一般的综采工作面液压支架数量都在 100 架以上。每一架液压支架均需要与其他 Agent 进行感知通信，然后做出最适合当时井下环境的行为。

图 5-7 所示为液压支架（i）的 Agent 模型，

液压支架（i）感知模块与虚拟液压支架（i）感知变量对应关系见表 5-8，液压支架（i）控制任务与虚拟液压支架（i）控制变量（YyzjAgent.cs）对应关系见表 5-9。

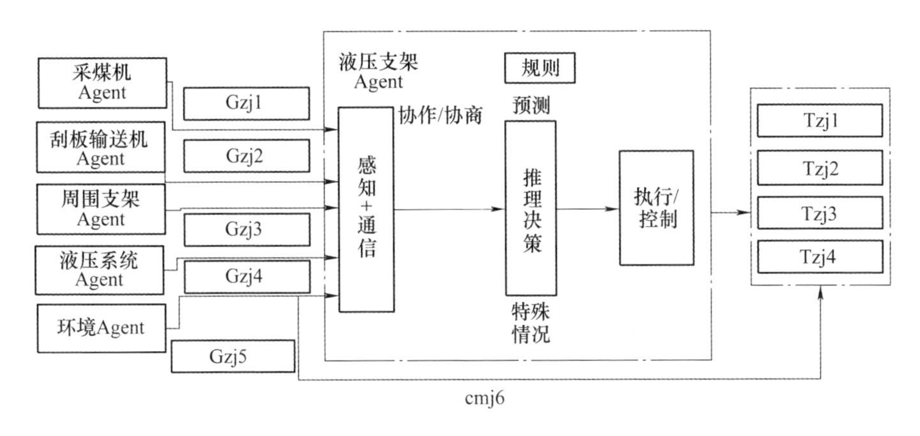

图 5-7　液压支架（i）Agent 模型

表 5-8　液压支架感知任务与虚拟液压支架感知变量对应关系

序号	液压支架感知任务	虚拟液压支架感知任务	定性或定量
1	Gzj(i)1：感知采煤机控制（位置与速度）	$S_f(i)$，$S_r(i)$，V_c	定量
2	Gzj(i)2：感知 m 号及一定范围内的中部槽控制	$S_{tuiyi}(i)$	定量
3	Gzj(i)3：感知左右相邻一定范围内的液压支架控制	*YiJiaFangShi*	定量
4	Gzj(i)4：感知乳化液泵流量压力稳定性要求控制	n_{hy}，*YiJiaFangShi*	定量
5	Gzj(i)5：感知井下环境压力条件控制	$B_{zj}(i)$，$P_{zj}(i)$，n_{broken}，$n_{pressure}$	定量
6	Gzj(i)6：感知自身动作	$n_{condition}$	定量

表 5-9　液压支架控制任务与虚拟液压支架控制变量对应关系

序　号	液压支架控制任务	虚拟液压支架控制任务	定性或定量
1	Tzj(i)1：收护帮任务 State = 1	$\phi(i)$第 i 号支架的护帮板角度	定性
2	Tzj(i)2：降柱任务；State = 2	$H_{zj}(i)$	定量
3	Tzj(i)3：移架任务；State = 3	$S_{tuiyi}(i)$	定量
4	Tzj(i)4：升柱任务，State = 4	$H_{zj}(i)$	定量
5	Tzj(i)5：顶板支护任务，State = 5	$\phi(i)$	定性
6	Tzj(i)6：推溜任务；State = 6	$S_{tuiyi}(i)$	定量

液压支架逻辑信息处理模块：

液压支架（i）需实时检测本架与采煤机前滚筒与后滚筒之间的运行关系，若同时满足规则一至规则三时，即执行相应动作。

其中移架过程中，降移升动作需要与顶板轨迹、矿压、液压系统耦合，移架时需要与周围一定液压支架进行感知，详细见 5.3.4 节。推溜动作需要与刮板输送机形态进行耦合。

5.4.4 液压系统 Agent 模型

乳化液泵站的工作主要受群液压支架动作方式和动作数量等的影响。乳化液泵站感知模块与虚拟乳化液泵站感知变量对应关系见表 5-10；乳化液泵站控制任务与虚拟乳化液泵站控制变量（YyxtAgent. cs）对应关系见表 5-11。

表 5-10 乳化液泵站感知任务与虚拟乳化液泵站感知变量对应关系

序　号	乳化液泵站（液压系统）感知任务	虚拟乳化液泵站（液压系统）感知任务
1	Grb1：感知液压支架动作方式、动作数量等	*YiJiaFangShi*

表 5-11 乳化液泵站控制任务与虚拟乳化液泵站控制变量对应关系

序　号	乳化液泵站（液压系统）控制任务	虚拟乳化液泵站（液压系统）控制任务
1	Trb1：流量控制任务（报警）	n_{hy}
2	Trb2：压力控制任务（压力损失）	n_{hy}

5.4.5 井下环境 Agent 模型

井下环境 Agent 可以对“三机”运行过程中的运行状态所引发的周围环境的变化和井下环境规律性的一些现象进行模拟，如图 5-8 所示。例如跟机距离过大可能会造成煤壁垮落、顶板破碎和周期性的矿压来临等现象。

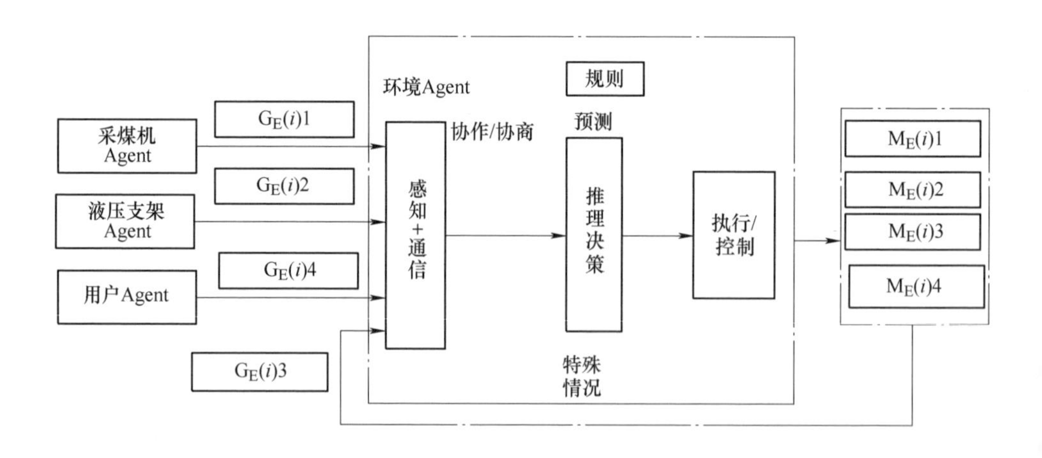

图 5-8 井下环境 Agent 模型

井下环境感知模块与虚拟井下环境感知变量对应关系见表 5-12，井下环境控制任务与虚拟井下环境控制变量（EnvAgent. cs）对应关系见表 5-13。

表 5-12　井下环境感知任务与虚拟井下环境感知变量对应关系

序　　号	井下环境感知任务	虚拟井下环境感知任务
1	$G_E(i)$1：感知跟机距离	$S_r(i)-S_{zj}(N)$
2	$G_E(i)$2：感知液压支架对顶板的作用	$H_u(i)-H_{zj}(i)$
3	$G_E(i)$3：感知周期来压、地质变化	$B_{zj}(i)$，$P_{zj}(i)$，n_{broken}，$n_{pressure}$
4	$G_E(i)$4：使用者初始输入的井下环境条件	$H_u(i)$

表 5-13　井下环境控制任务与虚拟井下环境控制变量对应关系

序　　号	虚拟井下环境控制任务	虚拟井下环境控制任务
1	$M_E(i)$1：矿压	*YiJiaFangShi*
2	$M_E(i)$2：破碎	$P_{zj}(i)$，n_{press}
3	$M_E(i)$3：意外垮落	m_{sudd}
4	$M_E(i)$4：根据用户输入	$H_u(m)$

5.5　“三机”VR 规划方法（FMUnitySim）

5.5.1　井下环境建模

井下环境建模主要是依据用户的设定，智能化地生成虚拟顶板截割曲线、虚拟矿压和虚拟顶板破碎模型等。

本书为了规划方便，假设底板为理想的平面，顶板轨迹则通过 100 个井下实际测量点对应的滚筒高度来描述。

虚拟环境读取存储了顶板数据的 xml 文件并进行渲染，从而得出虚拟顶板曲线。具体可参照 4.4.4 节的方法。

虚拟环境可以根据用户在 GUI 模块中输入的结果自行在虚拟场景中生成矿压和破碎等条件。

5.5.2　时间、单位一致原理

时间、单位一致原理具体可参照 3.2.7 节相关内容。

5.5.3　GUI 界面与交互

GUI 参数设置界面，主要完成规划参数的设置，以便在不同的初始条件下进行规划，如图 5-9 所示，主要分 6 个模块：

（1）地质地形参数：是对井下环境总体的概述，包括煤层倾角、顶板破碎程度、矿压规律等。

（2）顶底板参数：主要是对顶底板参数进行设置，在虚拟井下环境中生成顶底板。

（3）采煤方法与工艺参数：所用的采煤方法和液压支架进行移架、推溜和伸护帮等三个规则的设置情况。

（4）采煤机参数：主要是采煤机运动和性能参数，包括最大最小牵引速度、加速度、最大最小允许的跟机距离、摇臂转角、电动机电流。

（5）刮板输送机参数：主要是刮板输送机运动和性能参数，包括最大最小链速、矿压和煤壁垮落等。

（6）液压支架和液压系统参数：包括液压支架运动和性能参数。包括液压系统乳化液总量、压力、系统形式、动作参数和液压支架宽度等参数。

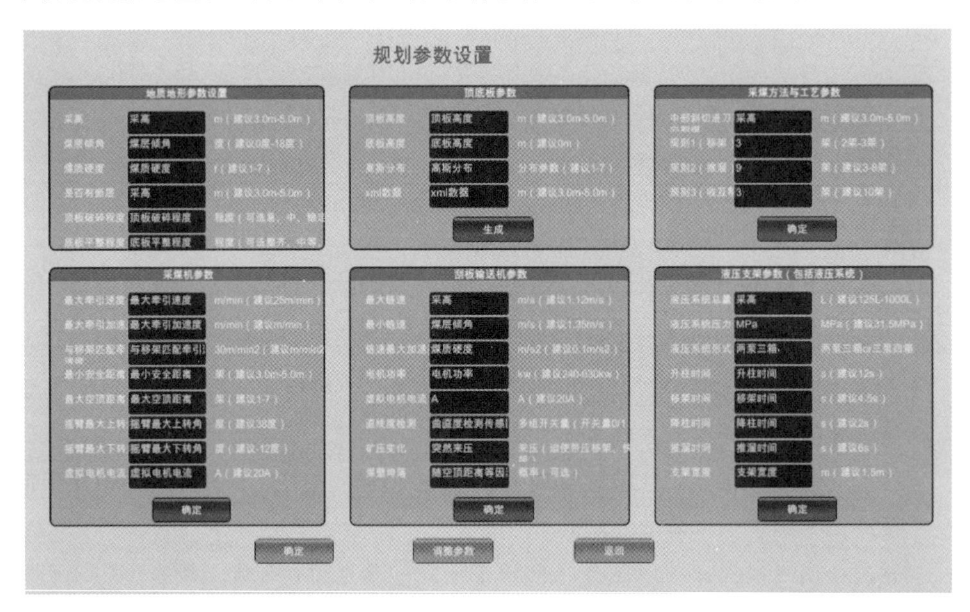

图 5-9　参数设置界面

5.6　小结

本章从人工智能与 VR 仿真的角度，基于综采“三机”协同数学模型和 MAS 理论，在 Unity3D 仿真引擎下，提出了一种基于 MAS 的 VR 协同规划方法，并建立原型系统（FMUnitySim）。根据工作面多变的环境、设备、工艺等自身的动态特性，采用多因子从多维度设计了“三机”协同运行 VR 系统，分析了影响“三机”协调运行的多种因素；通过数学建模，研究了采煤机、刮板输送机、群液压支架、供液系统和动态井下环境等多个 Agent 之间的通信方式、协调、冲突消解、冗余处理感知等问题，并以此为依据在 Unity3D 下建立了“三机”协同规划系统，可对“三机”关键参数进行在线规划并调控。本章的研究为综采工作面的快速规划与安全生产提供了理论基础。

第6章 VR环境下综采工作面“三机”监测与规划方法试验

6.1 引言

在前几章完成对VR环境下“三机”工况监测与规划方法研究以及建立综采工作面“三机”VR工况监测系统后，需要通过试验来验证上述方法的正确性。

由于煤矿井下环境的特殊性、复杂性以及电气元件的防爆安全性等原因，无法在井下进行试验，因此，在实验室环境下，构建实体物理装备的煤矿综采成套试验系统以及在此基础上建立缩小的样机试验平台进行相关试验尤为关键。

6.2 试验设备与环境介绍

6.2.1 综采装备成套试验系统

本实验室前期已购置煤矿综采成套试验系统，拥有煤矿井下综采工作面的主体设备，并已完成智能化改造，加装集中控制中心，配备液压支架电液控制系统、工作面智能控制系统和视频监控系统，具备模拟综采成套装备实际工况运动学的能力，并可以实现远程自动化采煤。主要设备型号见表6-1，试验系统如图6-1所示。

表 6-1 煤矿综采成套试验系统设备概述

序号	设备名称	规格型号	数量/台
1	液压支架	ZZ4000/18/38	20
2	采煤机	MGTY250/600	1
3	刮板输送机	SGZ764/630（长度为 30m）	1
4	转载机	SZZ764/164	1
5	破碎机	PCM110	1
6	组合开关	QJZ2×400/1140	1

图 6-1 煤矿综采成套试验系统

本试验系统具备以下功能：

（1）采煤机具备远程可视化操作功能。

（2）液压支架具备自动跟机动作功能。

（3）“运输三机”——刮板输送机、转载机、破碎机具备联动控制功能。

（4）拥有一个有线无线相结合的高速通信网络平台。

（5）拥有一个顺槽集中控制操作平台。

（6）可以实现综采工作面现场无线视频监控。

（7）可以实现远程调度室可视化采煤。

（8）集中控制中心和远程调度室可以远程对各设备进行数据监测、控制和显示所有视频图像。

图 6-2 所示为本系统网络结构图。其中：采煤机具备 RJ45 通信接口，集中控制中心通过远程通信实现采煤机的远程控制和远程数据采集等功能。本套系统通过视频监控子系统，实现了采煤机与刮板输送机、液压支架间的姿态位置关系的视频监控。

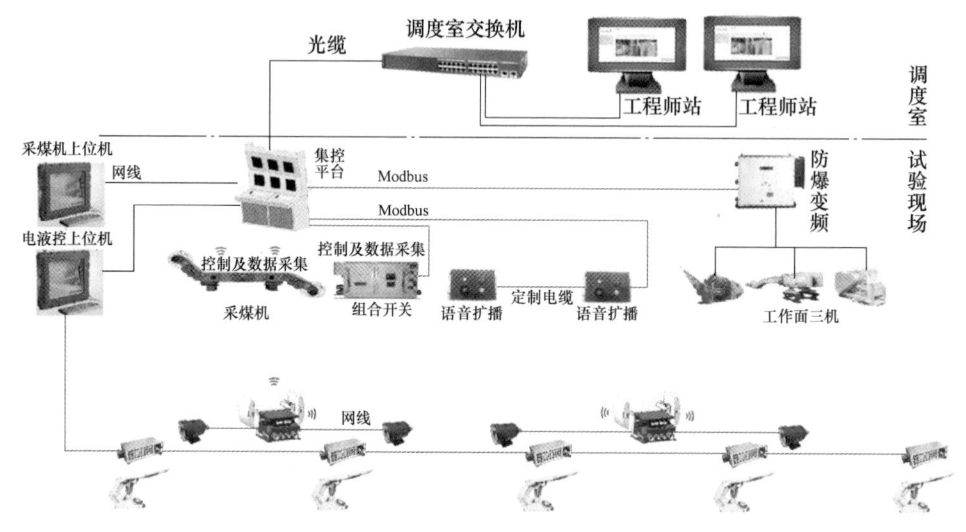

图 6-2　煤矿综采成套试验系统网络结构图

6.2.2　综采装备样机系统

由于煤矿综采成套试验系统设备笨重，如果摆在试验大厅的水平地面上运行，会与井下实际工况偏差过大。因此需要在物理试验装备的基础上，按照设备尺寸进行缩小，设计一套“三机”样机系统，以方便进行井下实际工况监测方法的试验研究。虽然试验样机进行了适当的简化，但是运动以及连接关系全部按照真实工况进行设计。整套样机系统包括以下设备：

（1）采煤机样机

MGTY250/600 型号采煤机缩小为原型机的$\frac{1}{7.5}$，利用树脂材料 3D 打印而成。样机可以完成：1）机身长度可变，在不同机身长度下，对采煤机与刮板输送机耦合理论进行分析；2）支撑滑靴可以与中部槽的铲煤板耦合，角度可自适应；3）导向滑靴内部有轮胎，可以模拟采煤机的行走；4）在采煤机的部分位置可根据需要加装适当的传感器进行试验。样机如图 6-3 所示。

图 6-3　采煤机样机

（2）刮板输送机样机

SGZ764/630 型刮板输送机中部槽缩小为原型机的$\frac{1}{7.5}$，下方左右侧分别设计有圆形连接孔和圆形插孔，可两两相互配合，插入销轴模拟刮板输送机的弯曲。样机主要可以完成：1）弯曲：可以横向弯曲 2°～4°，纵向弯曲 1°～3°；2）销排弯曲，在中部槽不同的连接状态下，影响采煤机运行轨迹；3）铲煤板，在中部槽不同的状态下，模拟采煤机支撑滑靴与铲煤板的接触；4）在中部可以安装倾角传感器，用来标记实时的横向倾角和纵向倾角。样机如图 6-4 所示。

图 6-4　刮板输送机中部槽样机

（3）液压支架样机

ZZ4000/18/38 型液压支架缩小为原型机的$\frac{1}{5}$进行设计，在样机上安装倾角传感器可以完成对主要四连杆机构、掩护梁、顶梁倾角的实时监测。通过天车改变样机支撑高度，也可在底板上垫物块从而制造具有横向倾角和纵向倾角的情况，以此来模拟井下的实际工况，如图 6-5 所示。

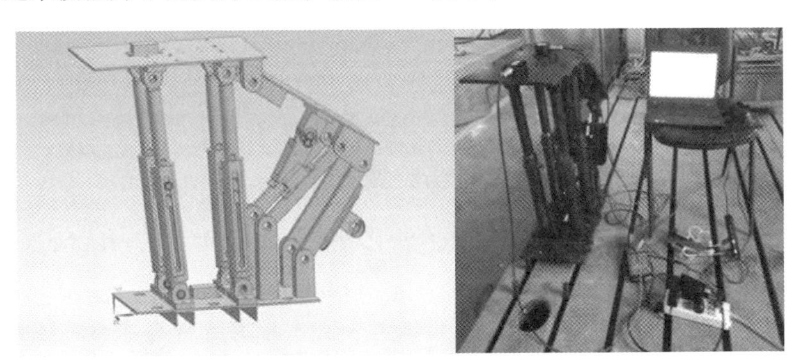

图 6-5　液压支架样机

（4）井下环境的构建方法

底板曲线可以利用橡胶皮下垫软质材料构造出来，顶板曲线则可以利用在井下实测的数据，用记号笔对高度点进行标记，再用钢丝连接各点，从而构建出顶板。

6.2.3 所需要的传感器及部分信号采集传输设备

在试验过程中，主要需要倾角传感器、陀螺仪、捷联惯性导航系统等传感器，需要模拟以太网 I/O 采集模块以及矿用本安无线路由器，如图 6-6 所示。具体的传感器布置方案可参见 2.2 节物理信息传感体系的建立部分。

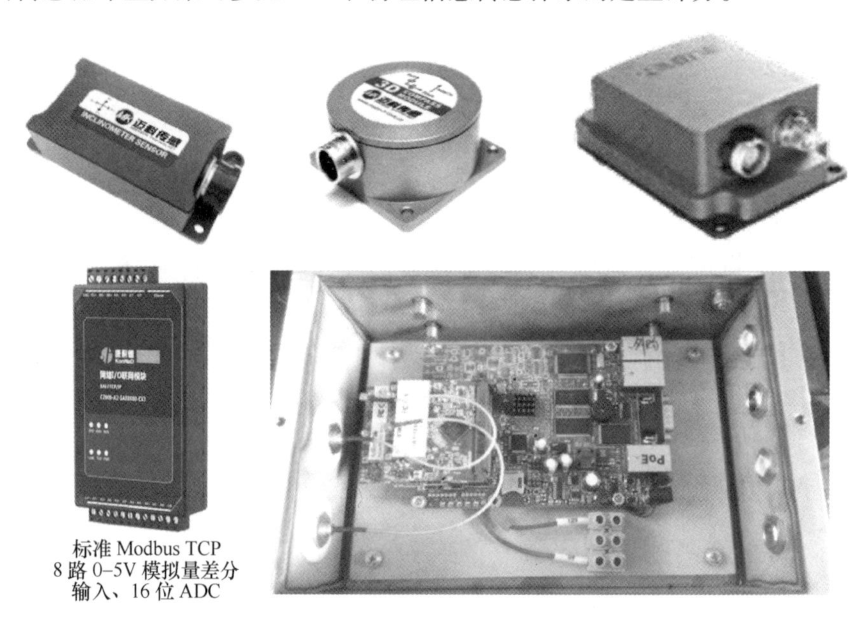

图 6-6 试验中所用到的传感器及采集设备

6.3 单机姿态监测方法

6.3.1 采煤机和刮板输送机姿态监测方法

采煤机和刮板输送机不能分开进行监测，所以将两者合并进行监测。如图 6-7 所示。

试验结果如图 6-8 所示。通过对中部槽倾角与捷联惯性导航系统解算倾角的对比，以及通过倾角绘制的底板曲线与解算曲线的对比，可以总体看出 SINS 及相应解算方法可以有效地使用在移动物体的定位中。刮板输送机样机可以真实模拟井下实际工况下的刮板输送机底板情况，使试验更加贴近于真实的生产情况，为进一步的试验创造了条件。

图 6-7　采煤机和刮板输送机样机

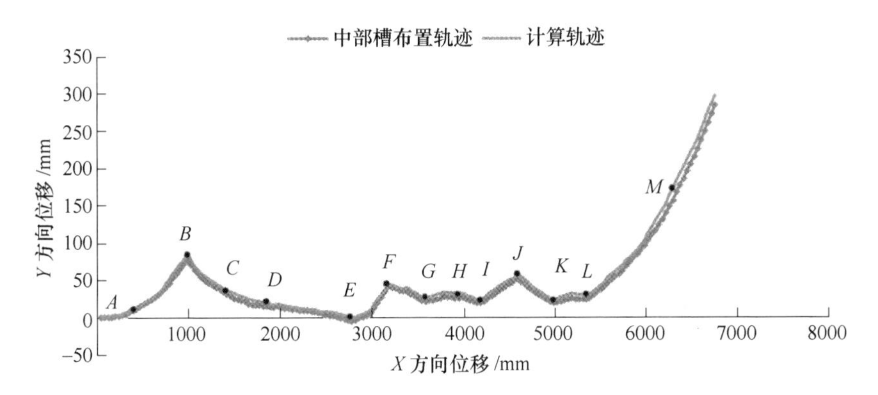

图 6-8　采煤机和刮板输送机姿态监测试验结果

由图 6-8 可以得出，利用倾角传感器测出的刮板输送机的形态准确，利用捷联惯性导航系统测得的采煤机的定位也较为准确。但是采煤机运行轨迹与刮板输送机形态不完全重合，主要原因是没有考虑两者之间的位姿耦合关系。

6.3.2　液压支架姿态监测方法

如图 6-9 所示，利用液压支架样机对液压支架姿态监测方法进行试验。在样机底座上可以垫物块，从而制造出具有横向倾角和纵向倾角的环境。将顶梁固定为与水平面夹角呈 6.03（°），将支架底座垫高 3.10°，分别利用倾角传感器测出前连杆和掩护梁的倾角数值，将数值经过转换后得出计算角度 α'_3 和 α'_4，进而利用液压支架高度公式分别计算 5 次得出 5 个液压支架高度，见表 6-2。两种计算方法 5 次测量得出的高度平均值和均方差等见表 6-3。

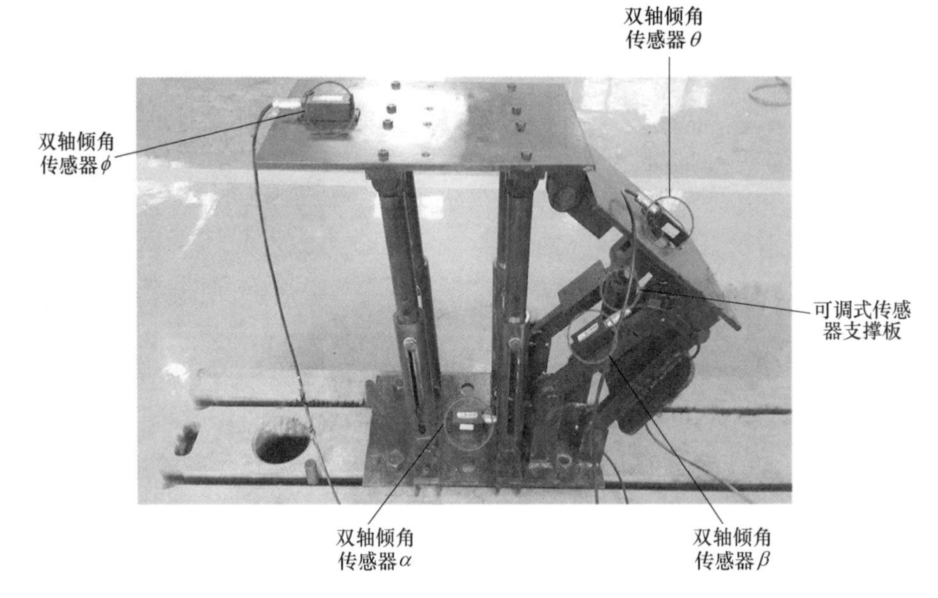

图 6-9　液压支架传感器布置

表 6-2　两种计算方法液压支架计算高度

	液压支架高度值/mm				
α'_3	624.0864	624.1001	624.1138	624.1002	624.1001
α'_4	622.3778	622.3601	622.3823	622.3778	622.3645

表 6-3　两种计算方法液压支架高度测量结果

	平　均　值	均　方　差	局部最优值	方　　差
α'_3	624.1001	9.687×10^{-3}	624.1046	5.09×10^{-3}
α'_4	622.3725	1.036×10^{-3}	622.3703	4.64×10^{-3}

对局部最优算法计算的高度值进行自适应加权处理。假设方差分别是 $\sigma^2_{\alpha'_3}$ 和 $\sigma^2_{\alpha'_4}$，$\overline{H_{\alpha'_3}}=624.1046\text{mm}$，$\overline{H_{\alpha'_4}}=622.3703\text{mm}$，它们彼此相互独立，求得前连杆倾角传感器和掩护梁倾角传感器节点对应的加权因子分别为：

$$\begin{cases} w_{\alpha_3}=0.4809 \\ w_{\alpha_4}=0.5191 \end{cases}$$

从而得到：$H=\sum_{i=1}^{z} w_i\overline{H_i}=w_{\alpha_3}\overline{H_{\alpha_3}}+w_{\alpha_4}\overline{H_{\alpha_4}}=623.2043(\text{mm})$。

在样机上利用钢直尺进行准确测高，结果为 621.8mm，误差在 1% 范围以内。

6.3.3　试验结论

建立的单机姿态监测方法，稳定可靠，可以满足“三机”工况监测的需要。

6.4　VR 环境下综采工作面“三机”工况监测与仿真方法

6.4.1　虚拟记忆截割试验

由于一般采煤机前后滚筒各有一个驾驶人，因此样机采用网络协同模块，利用 NetWork Simulation 模块进行数据同步，实现双人协同培训，在培训过程中出现操作问题时，系统自动提示错误，并指引操作者更正操作。

具体操作为：首先输入工作面横向倾角、纵向倾角，最大、最小和平均采高等地质地形参数，输入完毕后单击“生成”按钮，系统会按照输入参数生成虚拟顶底板环境，虚拟刮板输送机自适应地虚拟铺设在生成的虚拟底板上，并具备向煤壁侧推进能力，作为采煤机的运行轨道。选取“开始学习”模式，单击虚拟操作面板的“左摇臂”“右摇臂”“牵引速度”和“牵引方向”等按钮，对虚拟采煤机进行操作，虚拟控制器实时对操作数据进行存储、分析、处理与读取，在运行完成一个流程后，先单击“停止学习”按钮，再单击“工艺启动”按钮，系统就会根据虚拟控制器处理生成的“执行 . xml”中的数据，完成虚拟采煤机的记忆截割，如图 6-10 所示。训练前后顶板截割结果对比如图 6-11 所示。试验证明本系统可以提高操作工人的实际操作能力。

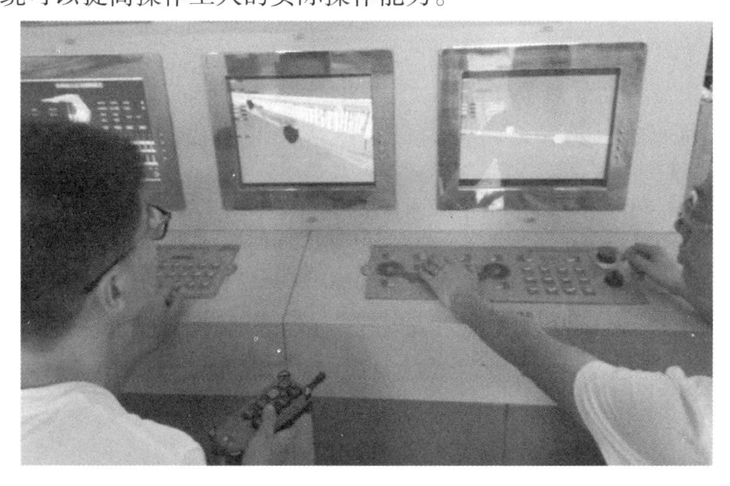

图 6-10　虚拟记忆截割

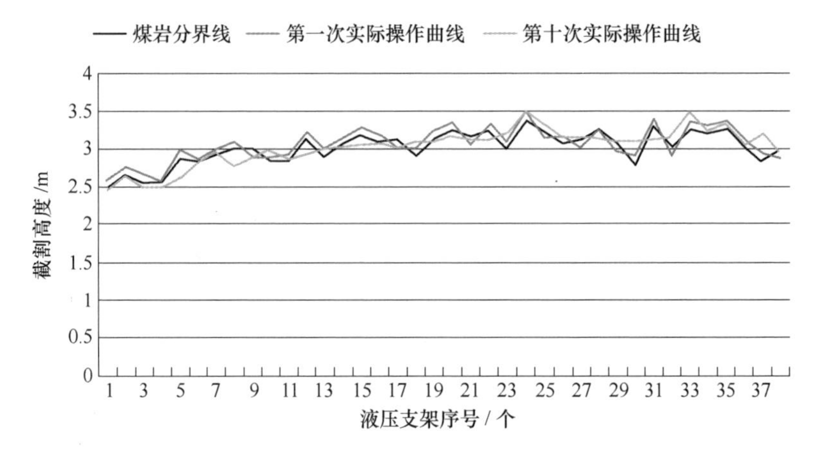

图 6-11　训练前后顶板截割结果对比

6.4.2　弯曲段进刀试验

6.4.2.1　试验参数求解

对“三机”各参数进行求解，选取 $\alpha=1°$，求出 $n=4.917$，选 $n=5$，弯曲段共有 $2n-1=9$ 段；反求 α_a 精确值为 $0.967°$。

6.4.2.2　试验方案

试验方案设计如下：

（1）将中部槽样机按照理论计算弯曲段形态进行弯曲和摆放。利用一条统一的标记线和刻度尺，每一节中部槽样机均按照表 3-5 数据进行测量，并分别利用捷联惯性导航系统对形态进行校正。

（2）使采煤机初始状态处于未进刀的状态，按下采煤机按钮，机身上加装捷联惯性导航系统，对采煤机进刀行走轨迹和采煤机的机身偏航角进行实时记录。

（3）在 5 种不同的采煤机机身长度下，每一种机身长度分别进行 10 次试验，对数据进行分析，并与理论曲线进行对比，从而验证理论推导的正确性。

6.4.2.3　样机试验

在水平环境和有纵向倾角的环境下利用捷联惯性导航系统进行 10 次试验，如图 6-12 所示。

采煤机样机进刀机身航偏角变化趋势如图 6-13 所示，不同机身长度下理论结果和实际结果对比见表 6-4。

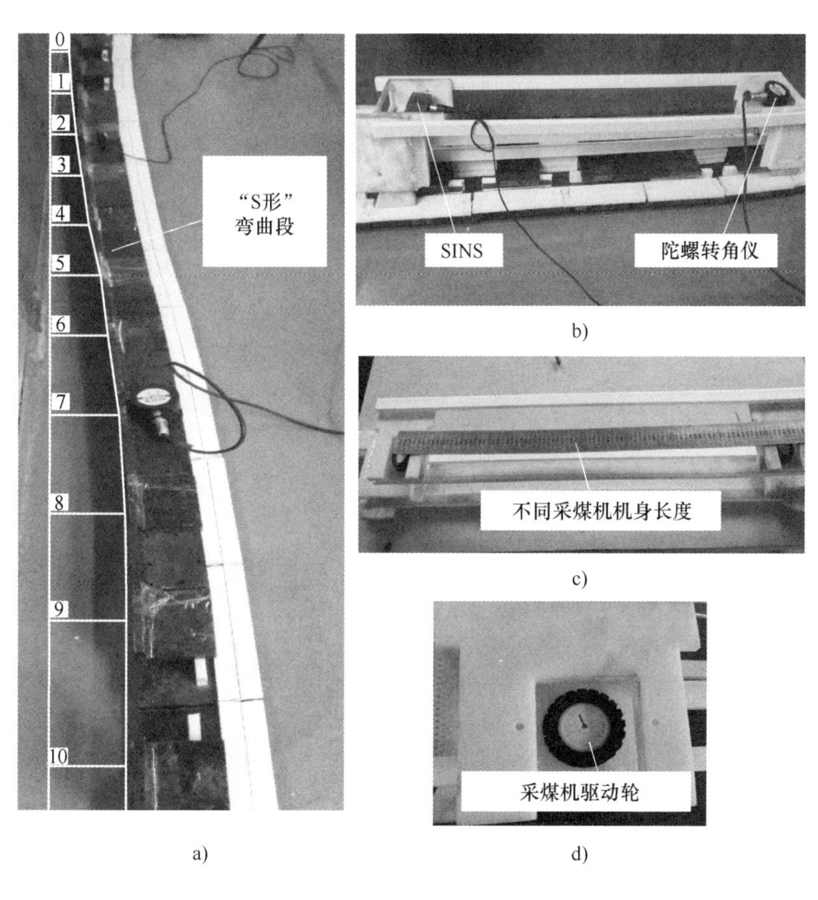

a) b) c) d)

图6-12 样机试验

a）S形弯曲段 b）采煤机样机传感器布置方案 c）不同机身长度的切换 d）采煤机驱动轮

表6-4 采煤机机身偏航角变化理论结果和实际结果对比

机身长度/mm	4500	4900	5327	5800	6300
理论最大值（°）	4.288	4.153	4.075	3.960	3.912
实际值（°）	4.130	4.392	4.009	3.962	4.060
差值（°）	0.158	-0.239	0.066	-0.002	-0.148

5种机身长度条件下，理论曲线和实测曲线的整个变化趋势相同，最大误差为0.239°，原因是捷联惯性导航系统与陀螺仪均受周围环境振动等因素影响。3.3.4.4节所得到的结论（1）和结论（2）也得到了验证。

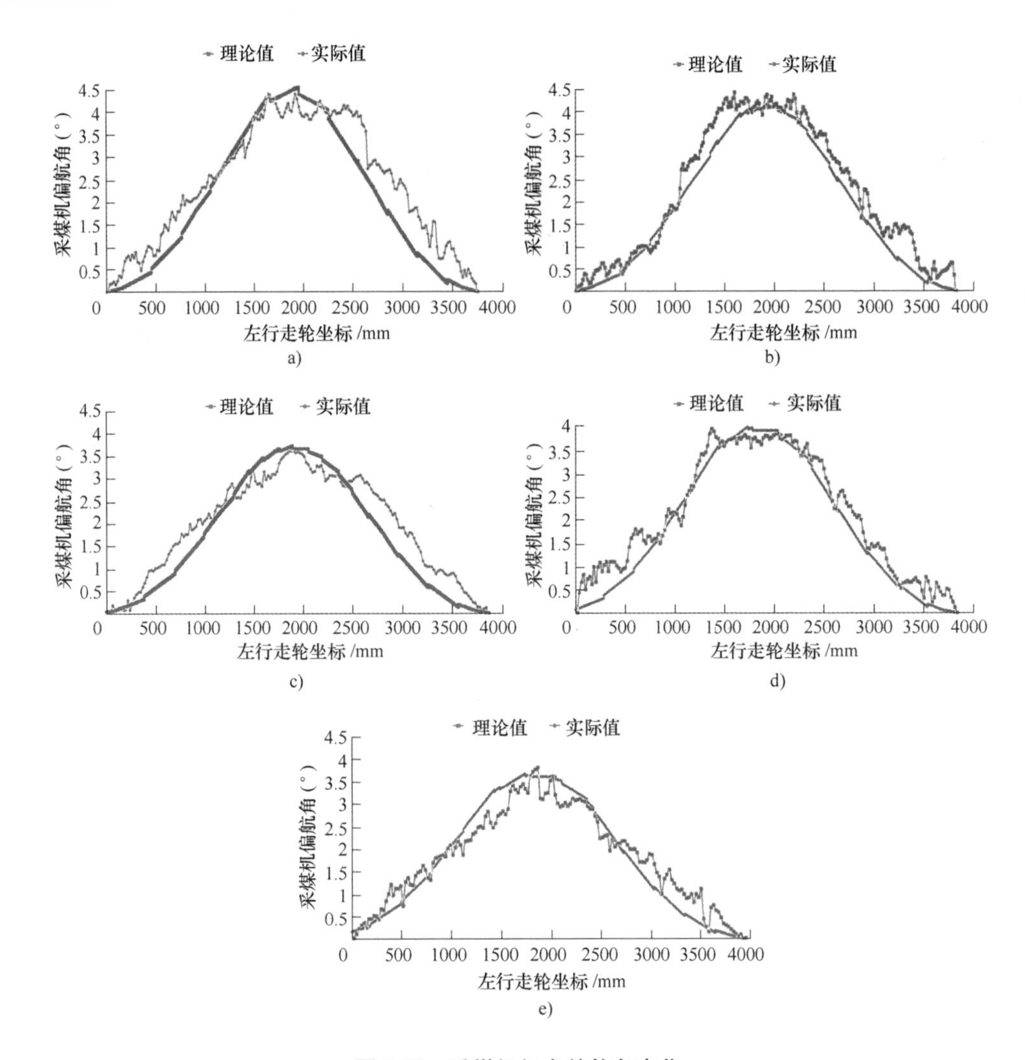

图 6-13　采煤机机身航偏角变化

a）机身长 4500mm　b）机身长 4900mm　c）机身长 5327mm　d）机身长 5800mm　e）机身长 6300mm

6.4.2.4　结论

（1）用整套方法可以精确地求出刮板输送机弯曲段的各种参数。

（2）用本方法可以精确计算出采煤机的运行轨迹和液压支架的推溜情况等，从而为采煤机在斜切进刀时的运行状态的稳定性提供保障。

6.4.3　采煤机和刮板输送机联合定位定姿试验

采煤机和刮板输送机联合定位定姿试验方案如下：

（1）分别将倾角传感器采集的和 SINS 标记的中部槽倾角信息输入 VR 规划

软件，得到单一传感器信息源的刮板输送机形态的理论值，进而得出单一信息源的采煤机俯仰角理论变化趋势。

（2）将倾角传感器采集的和SINS标记的中部槽倾角首先进行信息融合，再将融合值信息输入VR规划软件，得到融合信息值标记的刮板输送机形态的理论值，进而得出融合信息值的采煤机俯仰角理论变化趋势。

（3）采煤机机身实时俯仰角数值的获得则分别是利用两种传感器单一测量的数值和两种传感器经过信息融合后的融合值，对两种结果进行标记。

（4）将两种单一信息源获得的采煤机俯仰角理论变化趋势分别和相对应实测的单一信息源的采煤机俯仰角变化趋势进行对比。

（5）将融合信息值的采煤机俯仰角理论变化趋势和用两个传感器实测的数值进行信息融合的采煤机俯仰角变化趋势进行对比。

6.4.3.1　静态试验

利用样机，添加木板，摆出如图6-14的形态。

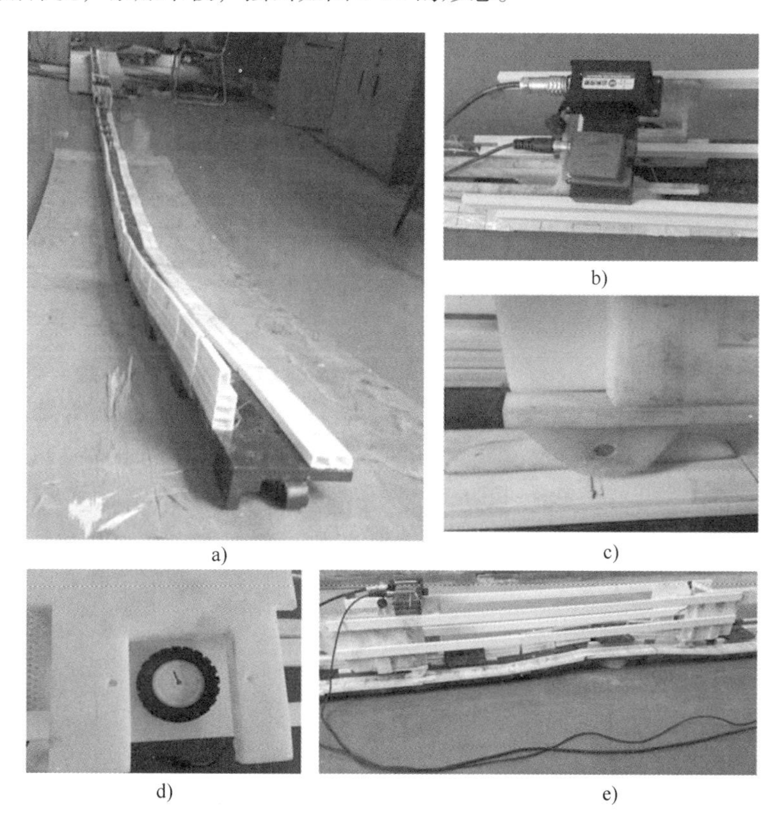

a)　b)　c)　d)　e)

图6-14　试验场地，试验设备及部分关键特征

a）刮板输送机形态　b）采煤机机身布置的传感器　c）支撑滑靴　d）行走轮　e）采煤机样机

在每个中部槽样机上放置倾角传感器。每个中部槽上平均标记4个点，加上边界点，用来标记每段中部槽的5个关键位置。将采煤机样机以左支撑滑靴为定位点依次放置每一段中部槽的5个点，并进行相关数据读取和测量。分别将倾角传感器和捷联惯性导航系统测得的倾角输入Unity3D仿真软件，得到的采煤机运行曲线如图6-15所示；

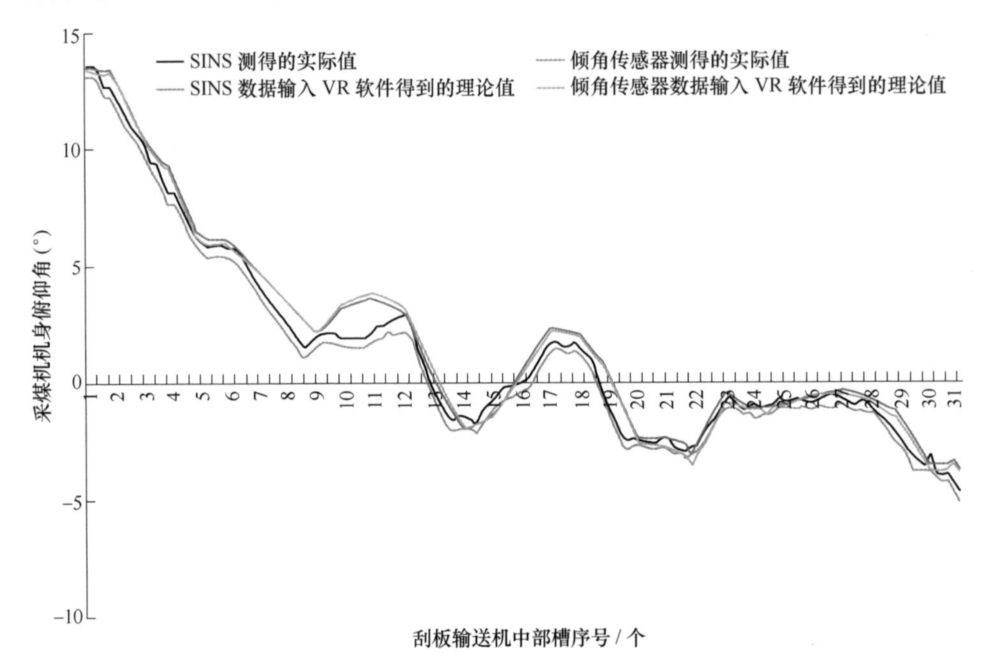

图 6-15　静态试验

由图6-15可知：整个俯仰角变化趋势与理论分析基本一致，部分最大差值为0.53°。利用标记策略，通过采煤机机身俯仰角反向推断的采煤机相对于刮板输送机的位置误差小于0.38个中部槽长度。

6.4.3.2　动态试验

静态试验无法确定采煤机在动态运行过程中两种传感器的测量精度，因此需要进行动态试验，使采煤机能够在自身驱动下自行运行。

将采煤机样机放置在运行路径，开启模拟采煤机运行按钮，开始运行，利用挂载在采煤机左滑靴处的惯性导航装置和倾角传感器对运行过程中采煤机的俯仰角进行实时记录。

选取机身长度为5327mm，进行5次试验，SINS测量和倾角传感器测量与理论值对比结果如图6-16和图6-17所示。

经过分析可知：倾角传感器在动态运行过程中波动性较大，易受环境干扰，

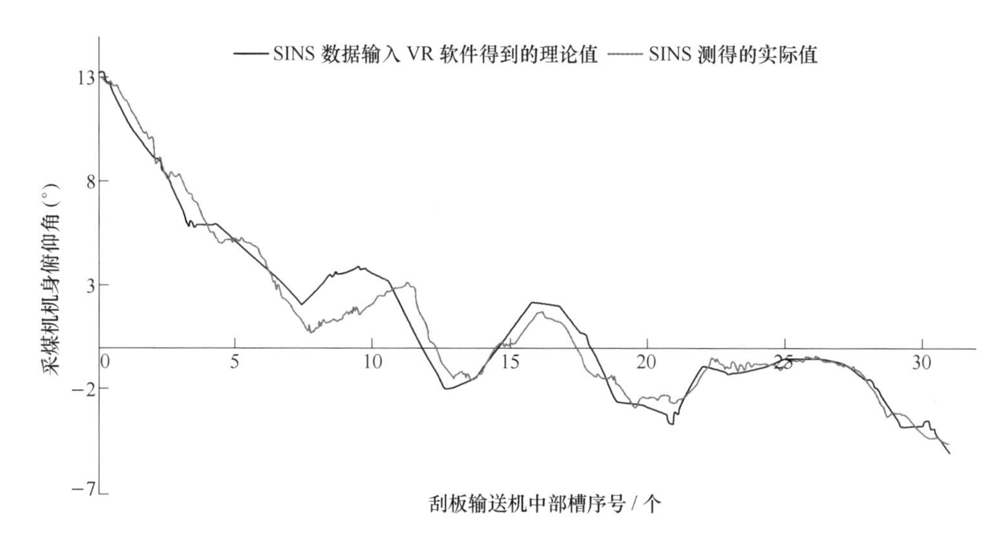

图 6-16 捷联惯性导航系统测量结果与理论结果对比

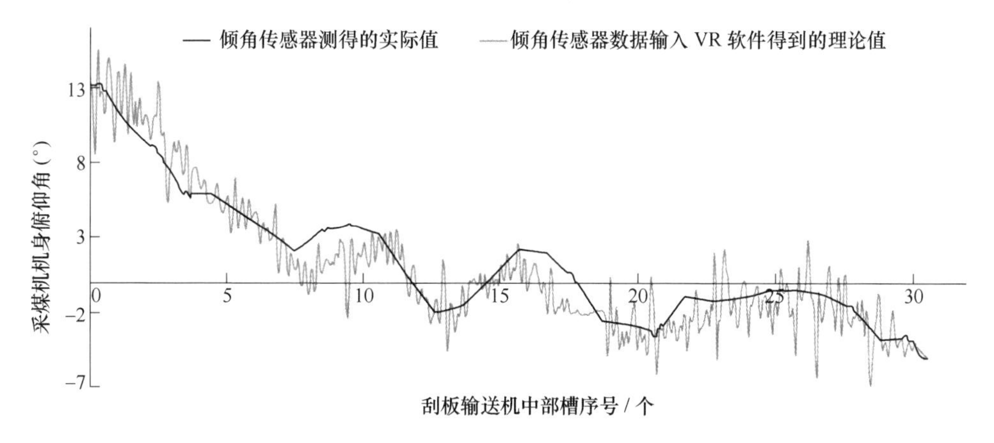

图 6-17 倾角传感器测量结果与理论结果对比

捷联惯性导航装置本身已经进行滤波，抗振性良好。

曲线定位后测得的数值不正确可能会造成定位误差，需要利用自适应融合算法对两种传感器的结果进行融合与修正。经过自适应信息融合的曲线如图 6-18 所示：

经过自适应融合算法处理后，通过标记策略，由采煤机机身俯仰角推断的采煤机相对于刮板输送机的位置精度可以达到在静态环境下的试验水准：定位误差在 0.38 个中部槽的长度范围以内。

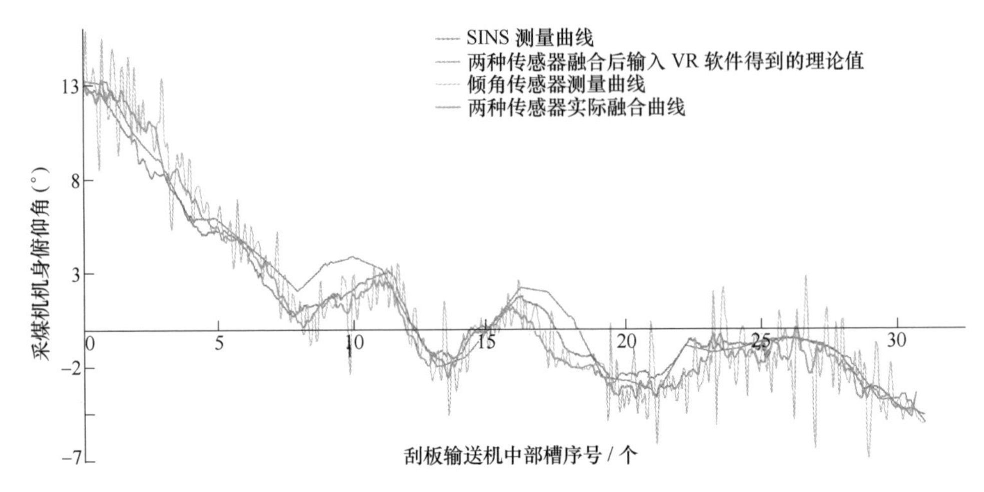

图 6-18　两种传感器测量理论值和融合值

6.4.3.3　不同机身长度下的试验

分别以某一系列采煤机为研究对象，经过比例换算，取采煤机样机的机身长度依次为 4500mm、4900mm、5327mm、5800mm 和 6300mm 进行试验研究，经分析，每种情况下的测量结果与理论分析结果均一致。把各理论分析曲线放在一张图中进行对比，结果如图 6-19 所示。

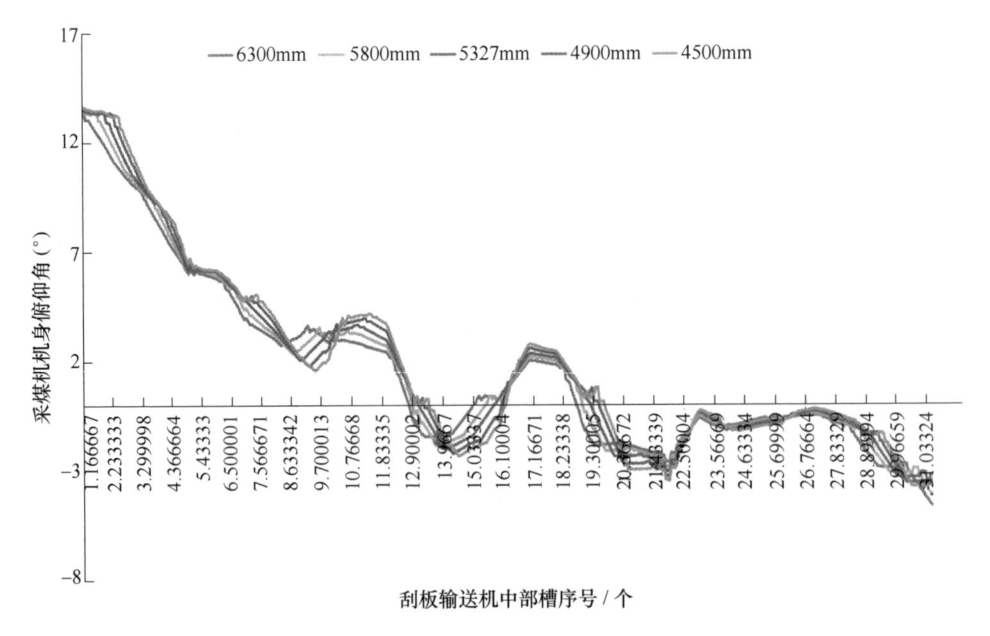

图 6-19　相同刮板输送机环境下不同机身长度下采煤机俯仰角变化

由图 6-19 中可以得出：

（1）采煤机机身长度越短，采煤机对刮板输送机形态的适应性越落后，对地形变化越敏感；机身长度越长，采煤机可以相对较早地适应地形变化，对地形变化越不敏感。

（2）在相同刮板输送机形态下，采煤机机身长度越长，俯仰角相对变化越小。

6.4.3.4　结论

本节对采煤机与刮板输送机联合定位定姿方法进行试验研究，得出以下几点结论：

（1）本方法可以为采煤机与刮板输送机的运行工况提供更为准确的动态监测，通过实时获取刮板输送机的形态来对采煤机运行进行调控，实现了提前预知采煤机行走过程中可能遇到的问题。

（2）本方法能够较为准确地定位采煤机，并映射到刮板输送机的位置上，没有累积误差，可以与现有的采煤机的 SINS 定位方法、红外对射定位方法、行走部轴编码器、UWB 无线传感定位方法进行耦合，从而更加准确地对实际复杂工况条件下的采煤机进行更加精确的定位。

6.4.4　群液压支架记忆姿态试验

6.4.4.1　试验及数据分析

在底板相对比较平整，工况良好的情况下（底板接近 0°），利用采集在某煤矿井下工作面 ZZ4000/18/38 型支撑掩护式液压支架 40 架在矿井下实测的 17 次移架数据，包括采煤高度和 3 个关键角度数据，如图 6-20 所示，并以此数据为

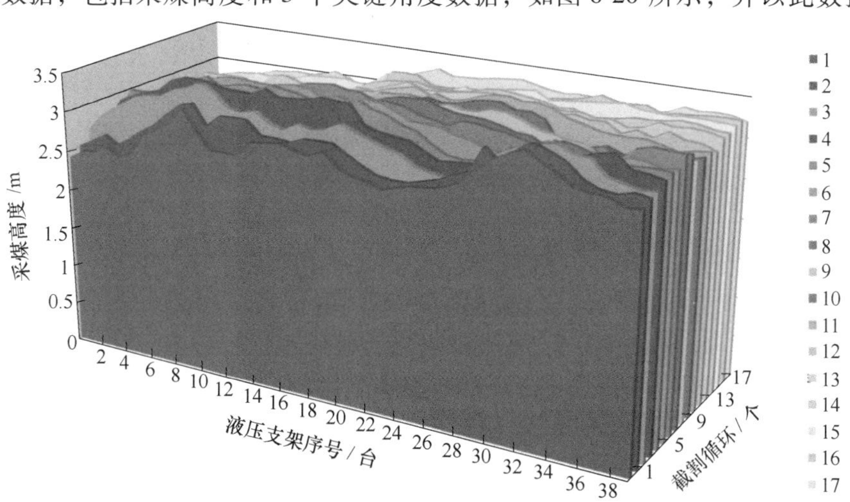

图 6-20　井下实际仿真数据（40 架支架，16 刀）

基础，搭建相对应的液压支架样机记忆姿态试验平台，如图 6-21 所示。

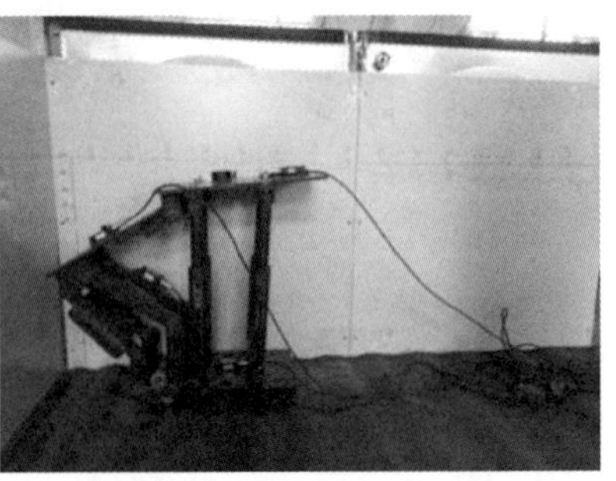

图 6-21　液压支架样机记忆姿态试验平台

6.4.4.2　纵向试验

本节选用每 6 个采煤高度数据为训练样本，对下一个循环的采煤高度进行预测，然后利用 3.5 节中求解高度、顶梁俯仰角算法求解支架支撑高度和两个关键角度（底板平整，认为支架底座倾角为 0°）。以第 26 架液压支架纵向试验为例进行分析，表 6-5 为第 26 架液压支架 16 次纵向移架支撑高度相关数据。

表 6-5　第 26 架液压支架 16 次纵向移架支撑高度相关数据

移架次数	$h^{(0)}(k)$/m	$\hat{h}^{(0)}(k)$/m	$\Delta(k)$/m	$\varepsilon(k)$(%)	状　态
1	2.8200	2.8200	0	0	3
2	2.9000	3.2142	-0.3142	-0.1083	1
3	3.1600	3.2207	-0.0607	-0.0192	1
4	3.2000	3.2272	-0.0272	-0.0085	2
5	3.3500	3.2337	0.1163	0.0347	4
6	3.3500	3.2402	0.1098	0.0328	4
7	3.3600	3.2468	0.1132	0.0337	4
8	3.4200	3.2533	0.1667	0.0487	4
9	3.3100	3.2599	0.0501	0.0151	3
10	3.3400	3.2665	0.0735	0.0220	3
11	3.3500	3.2731	0.0769	0.0230	3
12	3.2200	3.2797	-0.0597	-0.0185	1
13	3.2700	3.2863	-0.0163	-0.0050	2
14	3.2400	3.2929	-0.0529	-0.0163	2
15	3.2500	3.2996	-0.0496	-0.0152	2
16	3.1800	3.3062	-0.1262	-0.0397	1

根据表 6-5 中的 $h^{(0)}(k)$ 求出 $GM(1,1)$ 模型中的 a、b，可得：

$$\hat{a} = -0.0020$$

$$\hat{b} = 3.2053$$

$GM(1,1)$ 模型的预测值与实际值的残差相对值序列 $\varepsilon(k)$ 的范围为（0，0.0487），对残差相对值进行排序，按照每个残差状态包含 4 个数据的原则，划分残差状态。

$E_1=[-0.1083,-0.0163)$，$E_2=[-0.0163,0)$，$E_3=[0,0.0328)$，$E_4=[0.0328,0.0487]$，

从而得到一步转移概率矩阵：

$$\boldsymbol{p}_{(1)}=\begin{bmatrix}1/3 & 2/3 & 0 & 0\\ 1/4 & 2/4 & 0 & 1/4\\ 0 & 1/4 & 2/4 & 1/4\\ 0 & 0 & 1/4 & 3/4\end{bmatrix}$$

根据第 16 次的支撑高度，对第 17 次支撑高度进行验证。

已知第 16 次移架后，预测数据所处的状态为 1，那么可以得到：$\boldsymbol{P}_p=(1,0,0,0)$，由于一步转移概率矩阵$\boldsymbol{p}_{(1)}$已经确定，那么可以得到第 17 次支撑高度的绝对分布为：

$$\boldsymbol{p}_q=p_p(1)\boldsymbol{P}(m)+p_p(2)\boldsymbol{P}(m)+\cdots+p_p(n)\boldsymbol{P}(m)=(1,0,0,0)\begin{bmatrix}1/3 & 2/3 & 0 & 0\\ 1/4 & 2/4 & 0 & 1/4\\ 0 & 1/4 & 2/4 & 1/4\\ 0 & 0 & 1/4 & 3/4\end{bmatrix}$$

$$=(1/3,2/3,0,0)$$

所以下一次的预测状态很有可能处于状态 2，即 $\varepsilon(k)\in E_{(2)}=[-0.0163,0)$，取状态区间的中间值作为最终的残差相对值，$\varepsilon_{(k)}=-0.0082\%$，对第 17 次预测高度进行修正。第 17 次移架后的相关数据见表 6-6。可以看出，利用灰色马尔科夫理论修正后的预测高度比直接用灰色理论得到的预测高度与实际相比精度提高了 0.027m。

表 6-6 第 17 次移架后两种预测结果对比

	$h^{(0)}(k)$/m	$\hat{h}^{(0)}(k)$/m	$\Delta(k)$/m	$\varepsilon(k)$(%)
灰色理论预测	3.16	3.2783	-0.1183	-0.0289
灰色马尔科夫理论预测	3.16	3.2513	-0.0913	-0.0288

完成一个循环后，利用实测的数据代替新的数据继续进行滚动预测。这样做一是为了验证灰色马尔科夫理论的正确性；二是能够反映所有预测数据的准确性能否达到要求。

图 6-22 所示为第 7 次循环到第 12 次循环纵向第 26～30 架液压支架姿态变化

图，包括采煤高度、支架支撑高度变化、前连杆倾角和顶梁俯仰角。

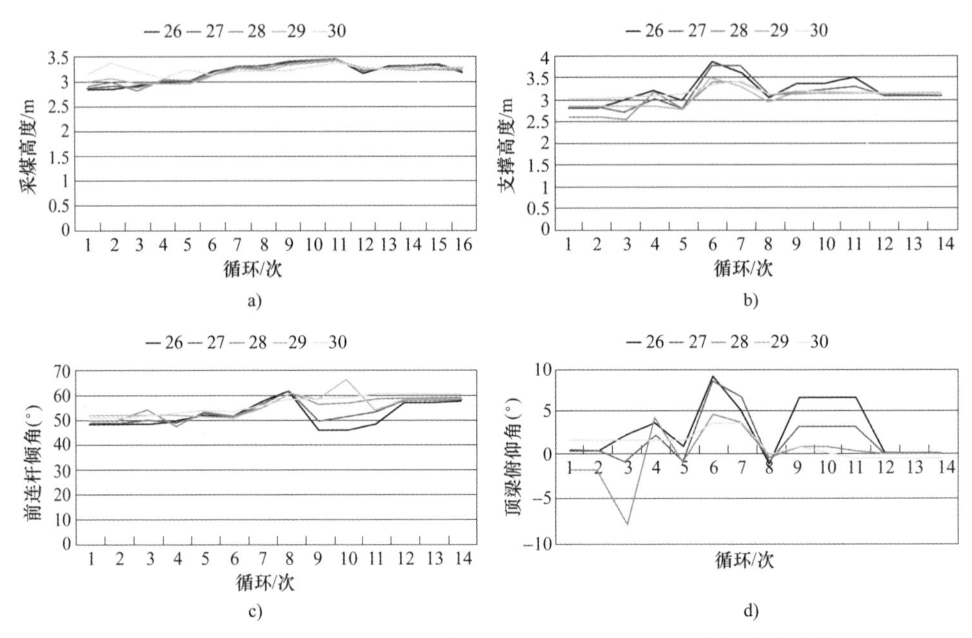

图 6-22　第 7 次循环到第 12 次循环纵向第 26 ~ 30 架液压支架姿态变化图

图 6-23 所示为利用灰色马尔科夫理论预测的关键数据与实际姿态数据进行对比，结果表明，纵向预测准确性可以达到 82.3%。

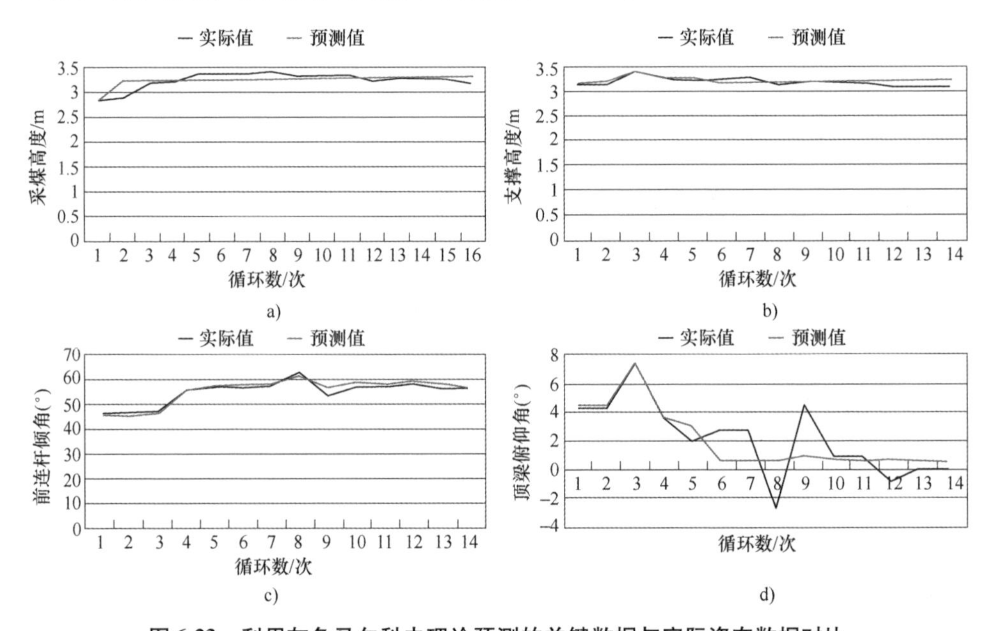

图 6-23　利用灰色马尔科夫理论预测的关键数据与实际姿态数据对比

6.4.4.3　横向试验

接着进行横向预测试验。图6-24所示为第7次循环到第12次循环群液压支架姿态变化图，图6-25所示为第7次循环到第12次循环群液压支架预测姿态与实际姿态变化图。对比可以得到：横向预测准确性可以达到78.9%，图6-26所示为VR监测第7次循环到第12次循环群液压支架实际姿态变化界面。

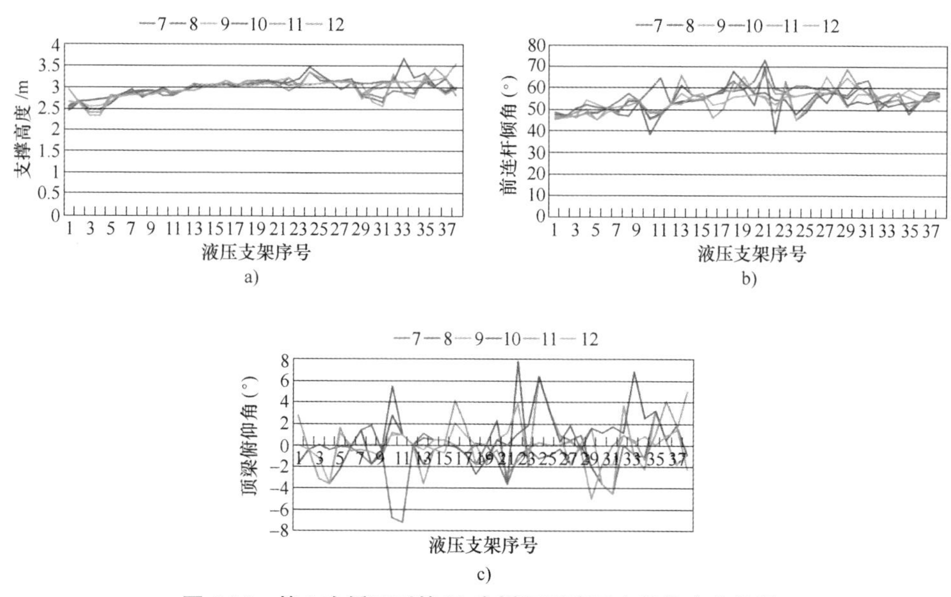

图6-24　第7次循环到第12次循环群液压支架姿态变化图

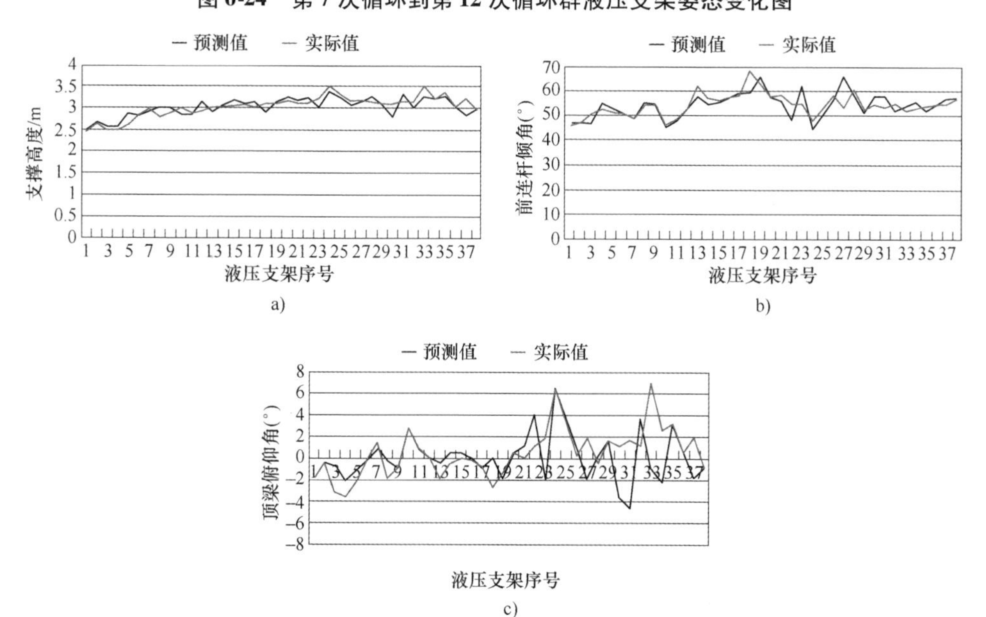

图6-25　第7次循环到第12次循环群液压支架预测姿态与实际姿态变化图

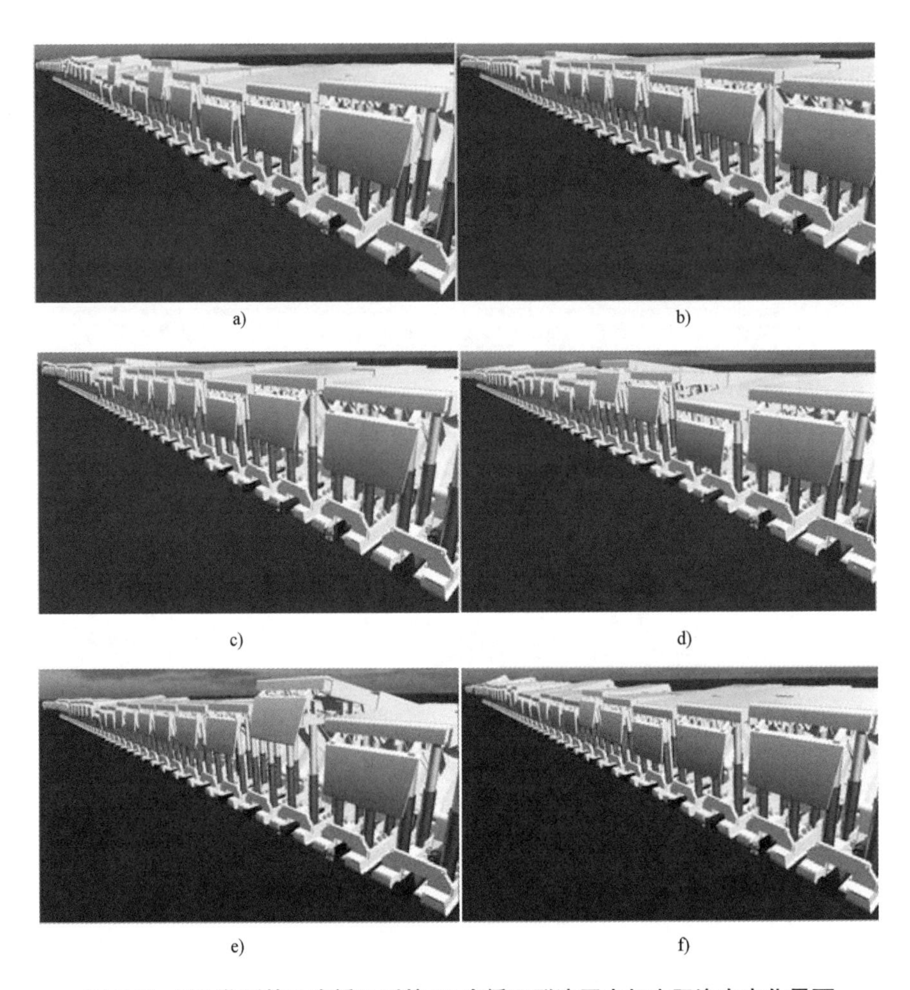

图 6-26 VR 监测第 7 次循环到第 12 次循环群液压支架实际姿态变化界面

a）第 7 次循环 b）第 8 次循环 c）第 9 次循环 d）第 10 次循环 e）第 11 次循环 f）第 12 次循环

由图 6-26 中可以看出，群液压支架姿态会随着顶板高度的变化而自适应变化，以此来支撑顶板。

由图 6-24 中可以看出，支架支撑高度和前连杆倾角均可进行预测，而顶梁俯仰角不能准确预测。

由图 6-25 中分别可以看出第 7 次循环过程中的第 11 架，第 8 次循环中的第 10 架和第 22 架和第 10 次循环中的第 23 架和第 33 架均可能出现顶梁俯仰角超限的情况，因此需提醒有关操作人员在进行此架液压支架移架时，注意安全，保证其与顶板紧密接触。

6.4.4.4　结论

利用灰色马尔科夫理论预测的关键数据与实际姿态数据进行对比，结果表明，横向预测和纵向预测的准确性可以分别达到 78.9% 和 82.3%。通过以上试验和分析，可以得出以下结论：

（1）此种方法可以提前对液压支架状态，包括液压支架支撑高度和前连杆倾角等关键参数进行高精度和高可靠性的预测。

（2）本方法充分利用历史数据进行分析，从全局的角度对群液压支架进行监测，随时给液压支架操作人员提供预警，判断异常情况的出现。

（3）通过以上的方法，能够将实际姿态和预测姿态同时显示在一个 3D 画面之中，为群液压支架姿态的监测提供了参照，将下一个循环预测的姿态数值提前可视化地展示在虚拟画面中，再与实时运行状态数据进行对比，以避免事故的发生，为监测成组液压支架的姿态提供了新的思路。

6.4.5　试验结论

经过试验可以证明：

（1）虚拟记忆截割方法可以有效提高操作人员的操作水平，系统可靠实用。

（2）刮板输送机弯曲段求解方法可以精确地求出刮板输送机弯曲段的各种参数，为综采采煤工艺的确定以及液压支架推溜控制提供理论分析基础。

（3）采煤机与刮板输送机联合定位定姿方法为采煤机与刮板输送机运行工况的动态监测提供了更为准确的方法，通过实时获取刮板输送机的形态来对采煤机运行进行调控，实现了提前预知采煤机行走过程中可能遇到的问题。

（4）群液压支架记忆姿态方法利用灰色马尔科夫理论预测的关键数据与实际姿态数据进行对比，可以提前对液压支架状态，包括液压支架支撑高度和前连杆倾角进行高精度和高可靠性的预测，从而为综采工作面安全高效运行提供理论支持。

6.5　VR 监测系统和方法试验

6.5.1　液压支架 VR 监测试验

在物理液压支架相应位置布置对应的传感器，在综采集控中心、远程调度中心和 VR 实验室分别进行试验，分别如图 6-27、图 6-28 和图 6-29 所示。统计虚拟液压支架运动的正确性和动作数据的延迟性情况见表 6-7。

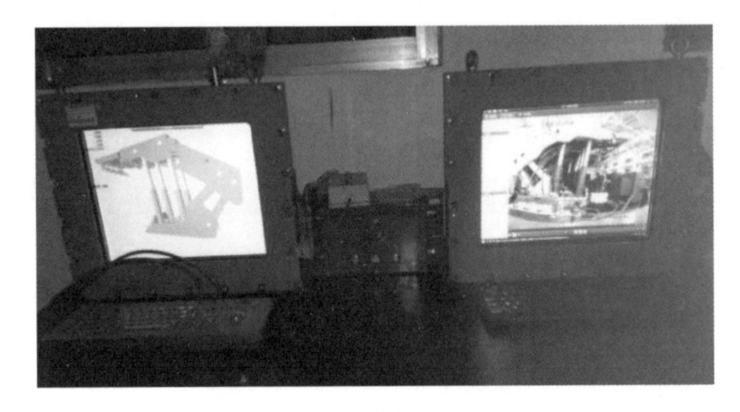

图 6-27　集控中心试验

图 6-28　远程调度中心试验

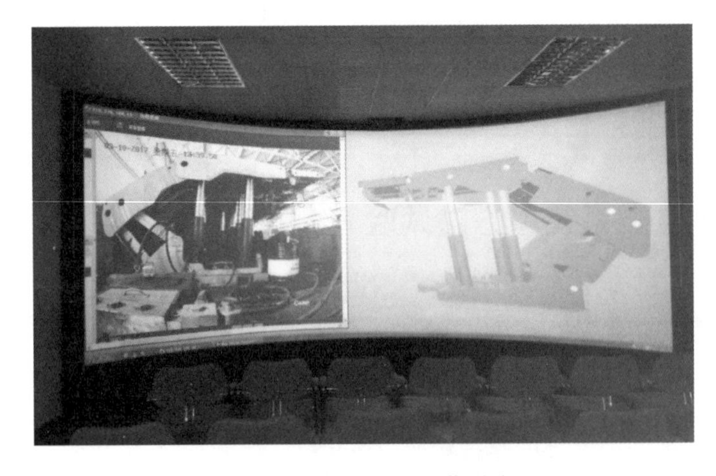

图 6-29　VR 实验室环幕测试

表 6-7　3 种环境 VR 监测与视频监控对比

试验环境	画面的流畅性和数据延迟性	与同步视频监控对比
集中控制中心	画面非常流畅，清晰准确，与现场支架基本同步，动作延迟 800ms	视频监控延迟 5s
远程调度中心	画面非常流畅，清晰准确，与现场支架动作基本同步，延迟 900ms	视频监控延迟 5.8s
VR 实验室	画面非常流畅，清晰准确，与现场支架动作基本同步，延迟 1000ms	视频监控延迟 6.6s

由表 6-7 可以看出，VR 监测在画面延迟、信号传输方面较视频监测有着较大的优势。

分别对三个位置监控主机的延迟情况进行分析：由于集中控制中心直接通过高速网络通信平台与“三机”进行连接，而远程调度中心的无线路由比集中控制中心又多一次无线发射，而 VR 实验室又通过集中控制中心的局域网进行数据共享，因此从集中控制中心到远程调度中心再到 VR 实验室的 VR 监控画面延迟均有小幅上涨。

对集中控制中心的视频监控延迟进行分析，延迟可能发生在传感器本身、采集模块、信号无线传输、组态软件与采集模块连接、组态软件与数据库之间和 VR 软件调用数据库等环节，利用示波器及高精度采集分析仪进行测试，结果见表 6-8。

表 6-8　集中控制中心延迟环节分析

序号	延迟环节	延迟时间/ms
1	传感器本身延迟	50
2	无线采集模块连接	200
3	信号无线传输	10 ~ 80（随着距离与遮挡不同）
4	采集模块与组态王连接	100
5	VR 软件调用数据库	100
6	组态软件存入数据库的频率与 VR 软件调用数据库的频率差	100

6.5.2　局域网协同试验

进入监测系统后，左上角有一个输入 IP 地址的文本框，默认值为“127.0.0.1”，当连接互联网时，将此地址改为实际互联网 IP 地址。单击“建立服务器”按钮，服务器建立完成，此时单击“断开服务器”按钮以注销已建立的服务器，当网络内已有服务器建立时，单击“连接服务器”按钮则可以连接到服务器，单击“断开连接”按钮，可以断开与服务器的连接。实测当 IP 地址为默认值“127. 0. 0. 1”和在互联网上使用实际服务器端 IP 地址都可以成功连接。

联网后会出现场景控制按钮，服务器端和客户端的优先级一致，系统根据最后发出的命令运行。单击滚筒开关按钮中的“开启”，滚筒开始转动，单击摇臂升降按钮中的“左牵准备”，摇臂升降至预定位置后停止升降，单击牵引开关中的“开始”按钮，采煤机开始以预定的初速度运动，单击牵引速度按钮中的“加速”“减速”按钮可以调节采煤机牵引速度，该速度有一个上限和下限。

如图 6-30 所示，采煤机开始牵引后，可以看到，液压支架在符合上文所述预定条件后会根据所处状态自动运行，完成收放护帮板、移架、推溜等一系列动作。对比服务器端和客户端的运动画面，发现两者运动状态一致，没有不匹配现象。

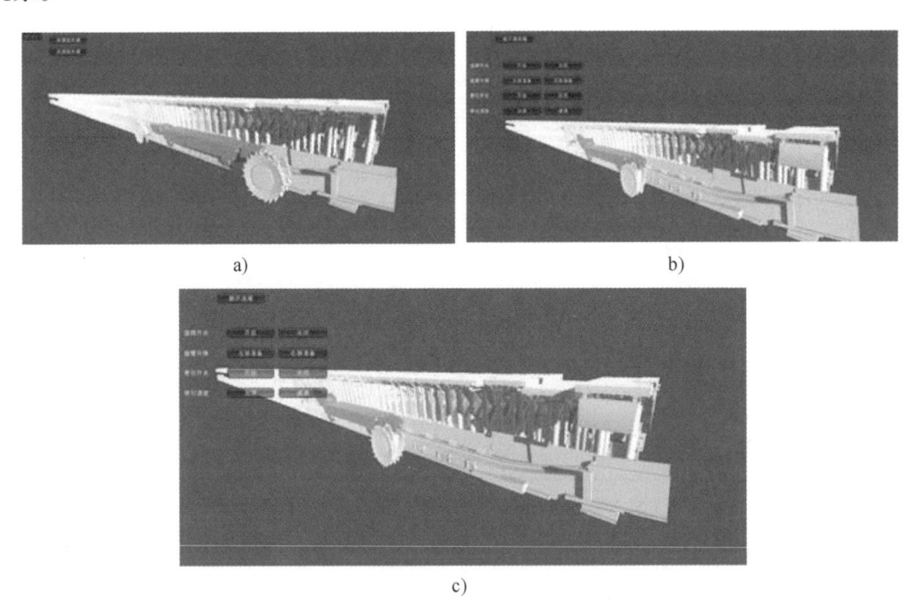

a)　　b)

c)

图 6-30　系统测试

a）联机之前画面　b）服务器端画面　c）客户端画面

VR 实验室实际联机效果如图 6-31 所示。经测试，该系统的网络连接功能、控制功能和协同运动功能运行正常，未发现连接、控制、协同和同步等方面的问题。

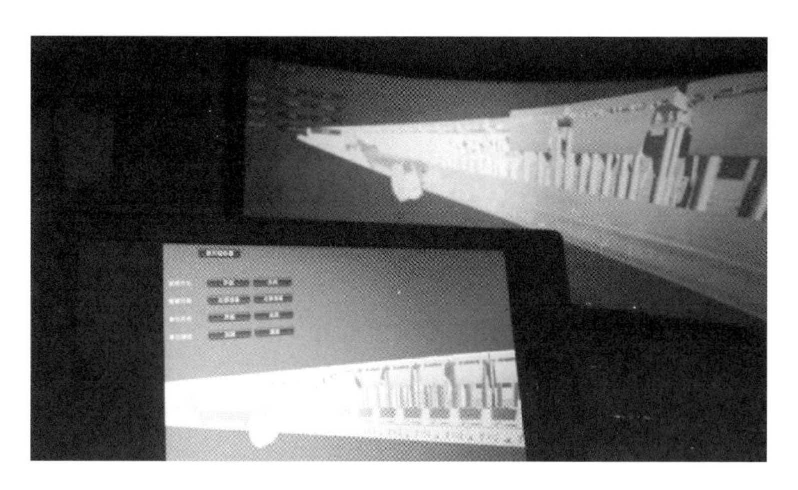

图 6-31 VR 实验室实际联机效果

6.5.3 VR + LAN“三机”工况监测试验

图 6-32 所示为“三机”VR 监测界面，不使用局域网协同方法，测试单个 VR 主机监测系统与相关软件系统在不同数量的传感信息情况下的监测效果与画面情况。在组态王软件中利用仿真 PLC 模块建立不同数量的模拟传感信息。分别建立数量为 300 个、500 个、1000 个和 2000 个模拟信息传感节点，同时传输进入数据库，并且 VR 监测程序实时调阅数据库数据，并驱动虚拟画面进行动作。

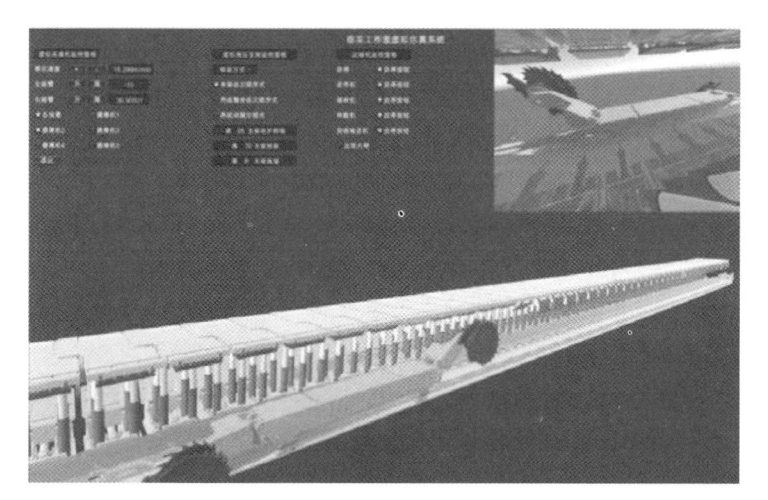

图 6-32 “三机”VR 监测界面

在试验中发现在 1000 个传感信息节点以下时，整个系统运行较为流畅，不丢包，不卡顿。当模拟传感信息节点超过 1000 个时，整个系统突然开始卡顿，出现整个数据无法传入数据库的情况。以上情况说明，在综采工作面装备传感节点数量超过一定数量的情况下，利用一台监测主机进行 VR 监测会造成主机压力过大、画面卡顿等现象，无法顺利进行 VR 监测。

随后采用“VR + LAN”解决方案，利用 5 台 VR 监测主机进行协同，处理 5000 个传感信息节点信息，试验发现系统运行流畅，基本上不出现丢包的情况，画面实时同步性也很好由此可证明利用“VR + LAN”监测方案可为综采工作面等传感信息节点数量巨大的大型场景提供可靠的分布式解决方案，可以真实全景在线显示整个综采工作面的运行状态。

利用综采成套试验系统，进行顺槽集中控制中心和远程调度室远程可视化采煤与 VR 监测试验，如图 6-33、图 6-34 和图 6-35 所示。通过试验可以证明，“VR + LAN”环境下的监测具有明显的技术优势，对于监测综采工作面整个场景提供了较好的解决方案。

图 6-33　利用物理“三机”进行试验，远程可视化采煤

图 6-34　远程可视化采煤操作界面

图 6-35　集中控制中心远程视频采煤与 VR 监测

6.5.4　试验结论

经过试验，可以得出：

（1）“三机” VR 监测系统和方法可以提供清晰可靠的全景综采监测手段，较视频监控和数据监控更加直接清晰，延迟也较小。

（2）基于局域网的数据与画面实时同步方法可为传感信息节点数量巨大的大型场景，提供可靠的分布式综采 VR 监测解决方案。

6.6　“三机”规划试验

6.6.1　“三机”规划条件设置

本研究的试验是在假设底板平整、刮板输送机卸载点在机头部并由高处向低处运煤的情况下，采用端部斜切进刀双向割煤方法，对机头向机尾正常割煤阶段进行的规划。

6.6.2　仿真试验设计

Unity3D 引擎可以将项目发布成为 PC 端或者 Web 端的可执行程序。单击运行 PC 端程序，进入参数设置界面，首先选择采煤方法为“端部斜切进刀双向割煤工艺”，设置采煤工艺参数，包括规则一为 3 架，规则二为 7 架，规则三为 2 架；安全距离为 2 ~ 8 架。完成“三机”配套参数，包括液压支架动作速度参数、采煤机牵引速度参数等设置；井下环境参数设置为中等稳定煤岩，在此情况下允许间隔交错移架方式。

单击“开始”按钮，可以看到采煤机左滚筒上升，右滚筒下降，然后向机尾部进行牵引。当采煤机运行至激活对应位置的液压支架 n 开始动作，由于采煤机牵引速度大于液压支架移架速度，在位置信息已经激活 $n+1$ 架动作时，由于第 n 架还没完成移架动作，所以 $n+1$ 架还不能动作，当 $V_y < V_c < 2V_y$时，激活间隔交错移架方式，使液压支架快速进行移架动作进而追赶采煤机，如图 6-36 所示。

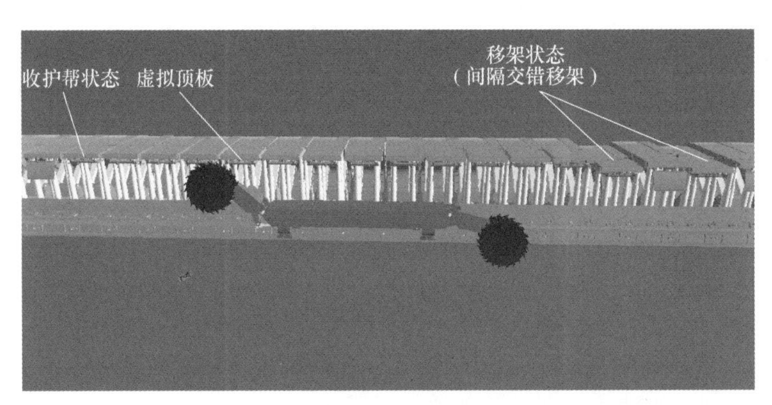

图 6-36　采煤机与液压支架相互感知

随后当液压支架动作慢慢落后于采煤机动作达到一定限度后，采煤机开始自行减速，液压支架开始追赶，直到液压支架移架架数追上采煤机并接近安全距离时，采煤机牵引速度才又会自行增加。推溜动作进行时，可以看到刮板输送机 S 形弯曲段的生成以及 S 形弯曲段的传递，如图 6-37 所示。

图 6-38 所示是机头向机尾正常割煤时采煤机牵引速度与液压支架跟机距离规划图，其中：

A 点表示采煤机运行 L_{wan} 长度后，采煤机前滚筒开始割煤的位置。此时，采煤机牵引速度增加到 10.2m/min，开始激活液压支架跟机移架动作；

图 6-37　刮板输送机 S 形弯曲段

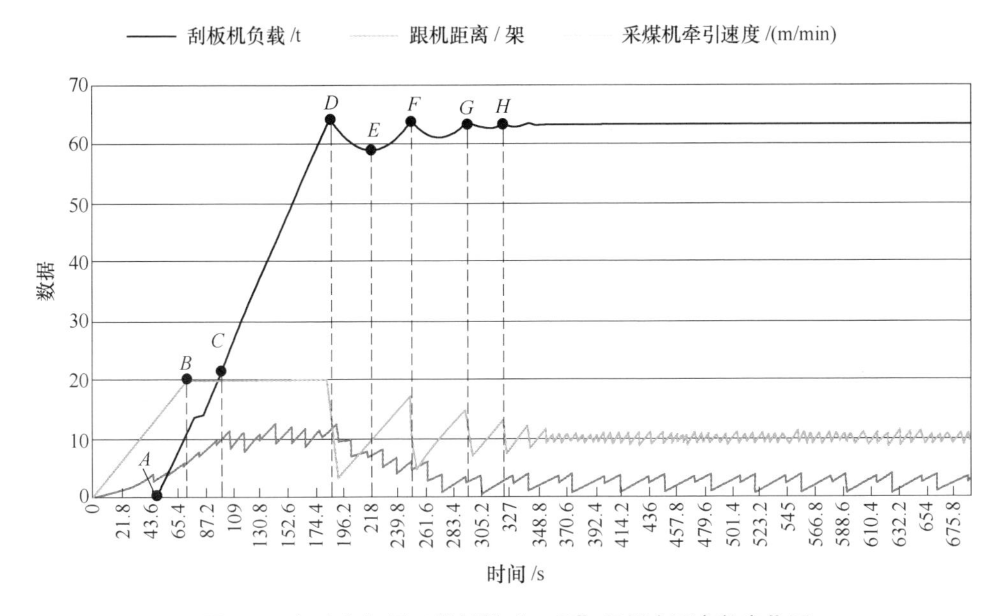

图 6-38　机头向机尾正常割煤“三机”规划主要参数变化图

B 点表示采煤机牵引速度达到预设的最大值 20m/min；

C 点表示刮板输送机运煤量发生了突变。刮板输送机负载在图 6-38 中增加了 2t 左右，主要是因为跟机距离 D_{follow} 大于 10 架，煤壁发生突然垮落。在这种情况下，液压支架将由顺序移架方式切换为间隔交错移架方式；

D 点表示跟机距离达到最大的 12.8 架，液压支架已经跟不上采煤机的牵引速度，并超过了最大安全距离，很可能会发生冒顶的事故；采煤机牵引速度会快速下降，使液压支架移架速度逐渐跟上采煤机牵引速度；

E 点表示刮板输送机负载出现降低。*E* 点所对应的采煤机牵引速度（11.63m/min）正好可与刮板输送机瞬时速度（1.18m/s）进行复杂匹配。需要注意的是，此时的液压支架跟机已追赶采煤机至 3 架，小于安全距离，可能会造成采煤机与液压支架干涉，于是采煤机牵引速度会再次出现快速增长，并与刮板输送机负荷再次进行匹配。整个过程将经历 5 次牵引速度增加和降低的过程；

F 点表示采煤机牵引速度再次上升，直到达到刮板输送机的最大负载；

F 点到 *G* 点之间的曲线表示刮板输送机达到最大负载后，采煤机牵引速度第 2 次出现较小的回落；

G 点到 *H* 点的变化同上；

H 点之后，刮板输送机负载只在一定负载内小范围波动，当采煤机前滚筒和后滚筒割煤量与刮板输送机瞬时运出煤量相等时，刮板输送机负载趋于稳定状态。

图 6-39 所示为采煤机前滚筒瞬时割煤、后滚筒瞬时割煤和刮板输送机瞬时运出煤关系。采煤机前滚筒首先开始割煤，随后刮板输送机开始运出煤，接着后滚筒也开始割煤，利用 5.3.1.3 节截割质量计算方法进行计算。前后滚筒割煤均随着采煤机牵引速度的变化而变化，而刮板输送机瞬时运出煤量始终保持不变，最终达到前后滚筒瞬时割煤的总量等于刮板输送机瞬时运出煤量。

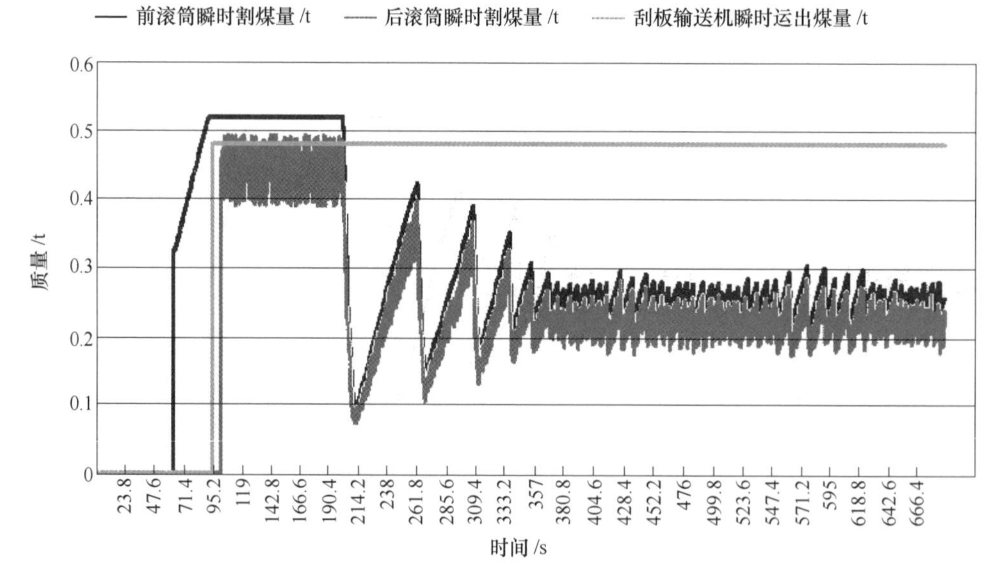

图 6-39 采煤机前滚筒瞬时割煤、后滚筒瞬时割煤和刮板输送机瞬时运出煤关系

6.6.3 最佳参数匹配

进行最佳参数匹配的试验，试验中的决策行为包括确定采煤机牵引速度、液

压支架跟机移架速度和刮板输送机负载等参数。

试验内容主要是通过时间速度指标、安全效率（平均跟机距离）、最大空顶距离和刮板输送机平均负载等 4 个指标来确定最佳参数匹配，试验方案见表 6-9。

表 6-9　试验方案

试验序号	仿真条件设置（其他参数均一致）
1	不考虑煤壁垮落，最大牵引速度 20m/min
2	考虑煤壁垮落，最大牵引速度 20m/min
3	考虑煤壁垮落，最大牵引速度 17 m/min
4	考虑煤壁垮落，最大牵引速度 15 m/min
5	考虑煤壁垮落，最大牵引速度 12. 5 m/min
6	考虑煤壁垮落，最大牵引速度 10m/min
7	反向运煤（机尾向机头截割），最大牵引速度 20m/min

按照以上方案每组均进行 7 次仿真试验，每组平均结果见表 6-10。

表 6-10　试验结果

试验号	时间速度/(m/min)	安全效率(平均跟机距离)/架	最大空顶距离/架	刮板输送机平均负载/t
1	11. 72	4. 77	12. 82	51. 83
2	11. 63	4. 91	13. 45	51. 93
3	11. 62	4. 52	11. 26	50. 19
4	11. 66	3. 52	9. 87	46. 69
5	11. 68	3. 38	8. 53	35. 33
6	9. 79	3. 08	7. 86	21. 64
7	11. 29	4. 156	12. 9	51. 36

从仿真结果可以看出：

（1）2 组和 1 组试验相比，在考虑煤壁垮落时，系统的安全效率有小幅上升，其他性能基本不变。

（2）2 组、3 组、4 组、5 组试验说明，在与液压支架移架速度匹配（顺序移架和交错移架）时，设置的采煤机最大牵引速度 > 匹配速度时，采煤机的最大牵引速度设置得越大，采煤机截割速度越快，但安全效率逐渐变差，刮板输送机负载也就越大。但是提升最大牵引速度，平均牵引速度并未显著增加，而安全效率增加很明显，因此采煤机的牵引速度最大值应该选用与液压支架匹配的速度，而不可因短暂的效率提高而选择较大的牵引速度。

5 组、6 组试验说明，采煤机的最大牵引速度设置 < 匹配速度时，采煤机的

平均牵引速度、采煤效率均出现很明显的下降，安全系数却只有小范围提高。所以采煤机的最大牵引速度不应小于与液压支架移架速度匹配的数值。

（3）而2组和7组试验进行对比，可以得出反向运煤牵引速度有所降低，但安全距离有相应明显提高，因此在反向运煤时，可以加快采煤机的牵引速度。

6.6.4 试验结论

本VR规划系统借助设计不同参数情况下的协同仿真，可以逼真地表现出“三机”的运动配合，实时多角度观看“三机”规划情况。设计不同采煤机最大牵引速度、正反向运煤等试验，可以统计不同情况下的平均采煤机牵引速度、液压支架跟机距离和刮板输送机负载等关键参数并进行对比，得出最佳参数匹配方式。

6.7 小结

本章对VR环境下综采工作面“三机”监测与规划系统进行试验。首先对整个煤矿综采装备成套试验系统与基于此缩小版的样机试验系统进行介绍，接着进行单机监测方法试验，验证了第2章所得到的“三机”姿态监测方法，其次对采煤机虚拟记忆截割、采煤机弯曲段斜切进刀、复合工况下采煤机和刮板输送机协同定位定姿方法和群液压支架记忆姿态监测方法等分别进行试验，同样验证了本书研究方法的正确性。

其次对VR+LAN“三机”监测系统与方法进行介绍，对液压支架进行VR监测试验，并分别在顺槽集中控制中心、VR实验室和远程调度室与视频监控进行对比分析，找到了导致数据与画面延迟的相关环节，从而突出了本方法和系统的正确性和优势。对监测传感信息节点数量对本系统的影响进行研究，发现传感信息节点数量超过1000以后，程序逐渐出现卡顿、丢包等现象，单机VR监测已经不能适用，需寻求网络解决方案，从而引出“VR+LAN”的协同解决方案，并进行远程可视化采煤与VR监测试验，结果表明本解决方案可以无缝连接，实时同步画面，适用于综采工作面等大型场景的VR监测。

最后对“三机”VR规划系统进行试验，对综采工作面“三机”运行状况进行清晰的可视化规划，并对各运行参数进行准确模拟和分析，实现了综采工作面的虚拟规划。

参考文献

[1] 王国法．综采自动化智能化无人化成套技术与装备发展方向［J］．煤炭科学技术，2014，42（9）：30-34.

[2] 孙继平．煤矿信息化自动化新技术与发展［J］．煤炭科学技术，2016，44（1）：19-23+83.

[3] 韩建国．神华智能矿山建设关键技术研发与示范［J］．煤炭学报，2016，41（12）：3181-3189.

[4] 王国法，李占平，张金虎．互联网+大采高工作面智能化升级关键技术［J］．煤炭科学技术，2016，44（7）：15-21.

[5] Zheng N. Program design of internet-based remote video monitoring system of coal mining enterprises［J］．Advanced Materials Research，2014，1044-1045（5）：1243-1245.

[6] 赵沁平，周彬，李甲，等．虚拟现实技术研究进展［J］．科技导报，2016，34（14）：71-75.

[7] 李首滨，黄曾华，王旭鸣，等．综采工作面装备远程控制技术进展报告［J］．科技资讯，2016，14（12）：173-174.

[8] 乔永军，孙国栋，孙丽霞．浅谈美国久益 JNA 顺槽系统的电气原理［J］．科技与企业，2014（11）：144. 147.

[9] 刘旭南，赵丽娟，盖东民，等．基于采煤机可靠性的智能牵引调速系统研究［J］．系统仿真学报，2016，28（7）：1601-1608.

[10] 应葆华，李威，罗成名，等．一种采煤机组合定位系统及实验研究［J］．传感技术学报，2015. 28（2）：260-264.

[11] 安美珍．采煤机运行姿态及位置检测的研究［D］．北京：煤炭科学研究总院，2009.

[12] 徐志鹏．采煤机自适应截割关键技术研究［D］．徐州：中国矿业大学，2011.

[13] HOFLINGER F，MULLER J，ZHANG R，et al. A wireless micro inertial measurement unit（IMU）［J］．IEEE Transactions on Instrumentation and Measurement，2013，62（9）：2583-2595.

[14] SAMMARCO J J. A guidance sensor for continuous mine haulage［C］．Industry Applications Conference，1996. Thirty-First IAS Annual Meeting，IAS'96.，Conference Record of the 1996 IEEE，1996，4：2465-2472.

[15] REID D C，HAINSWORTH D W，RALSTON J C，et al. Sheareer guidance：a major advance in longwall mining［J］．Field and Service Robitics，2006，4（24）：469-476.

[16] SCHNAKENBERG JR G H. Progress toward a reduced exposure mining system［J］．Mining Engineering，1997，49（2）：73-77.

[17] 田成金．薄煤层自动化工作面关键技术现状与展望［J］．煤炭科学技术，2011，39（8）：83-86.

[18] 戚鸿飞，孙海淇．基于捷联惯性导航的井下机车精确定位系统［J］．煤矿机电，2011（4）：62-65.

[19] 刘春生．滚筒式采煤机记忆截割的数学原理［J］．黑龙江科技大学学报，2010，20（2）：85-90.

[20] 尹力，梁坚毅，朱真才，等．沿工作面方向底板起伏状态仿真分析［J］．煤矿机械，2010，31（10）：75-77.

[21] 索永录．分层综采工作面底板起伏变化机理及控制［J］．西安科技大学学报，1999，19（2）：101-104.

[22] 张瑞皋，司德文．浅析可转角和偏斜角对刮板输送机性能的影响［J］．中州煤炭，2005（1）：12-13.

[23] 刘春生，陈金国．基于单示范刀采煤机记忆截割的数学模型［J］．煤炭科学技术，2011，39（3）：71-73.

[24] 苏小立，廉自生，张春雨．采煤机双刀示范记忆截割数学模型的研究［J］．煤矿机械，2014，35（3）：55-57.

[25] 葛兆亮．基于采煤机绝对位姿的自适应控制技术研究［D］．徐州：中国矿业大学，2015.

[26] 冯帅．采煤机-液压支架相对位置融合校正系统关键技术研究［D］．徐州：中国矿业大学，2015.

[27] SOFMAN B，BAGNELL J A，STENTZ A，et al. Terrain Classification from Aerial Data to Support Ground Vehicle Navigation［D］. Carnegie Mellon University，Pittsburgh，United States，2006.

[28] 杨海，李威，罗成名，等．基于捷联惯导的采煤机定位定姿技术实验研究［J］．煤炭学报，2014，39（12）：2550-2556.

[29] REID D C，HAINSWORTH D W，RALSTON J C，et al. Shearer guidance：A major advance in longwall mining，field and service robotics［M］. Springer Berlin Heidelberg，pp. 469-476，2006.

[30] JONATHON R，DAVID R，CHAD H，et al. Sensing for advancing mining automation capability：A review of underground automation technology development［J］. International Journal of Mining Science and Technology，2014（24）：305-310.

[31] DUNN M，REID D，RALSTON J. Control of automated mining machinery using aided inertial navigation［M］. Machine Vision and Mechatronics in Practice. Springer Berlin Heidelberg，pp. 1-9，2015.

[32] REID D，DUNN M，REID P，et al. Ralston，A practical inertial navigation solution for continuous miner automation［C］. 12th Coal Operators Conference，University of Wollongong & the Australasian Institute of Mining and Metallurgy，Wollongong，Australasian，2012，114-119.

[33] HAO S，WANG S，MALEKIAN R，et al. A geometry surveying model and instrument of a scraper conveyor in unmanned longwall mining faces［J］. IEEE Access，2017（5）：4095-4103. DOI：10. 1109/ACCESS. 2017. 2681201.

[34] 李昂，郝尚清，王世博，等．基于SINS/轴编码器组合的采煤机定位方法与试验研究[J]．煤炭科学技术，2016，44（4）：95-100.

[35] 应葆华，李威，罗成名，等．一种采煤机组合定位系统及实验研究[J]．传感技术学报，2015，28（2）：260-264

[36] Fan Q, Li W, Hui J, et al. Integrated positioning for coal mining machinery in enclosed underground mine based on SINS/WSN [J]. The scientific world journal, 2014 (2014): 460-415.

[37] HENRIQUES V, MALEKIAN R. Mine safety system using wireless sensor network [J]. IEEE Access, 2016, (4): 3511-3521. DOI: 10.1109/ACCESS.2016.2581844.

[38] RALSTON J C. Automated longwall shearer horizon control using thermal infrared-based seam tracking [C]. IEEE International Conference on Automation Science and Engineering, 2012, (8): 20-25. DOI: 10.1109/CoASE.2012.6386442.

[39] 葛世荣，苏忠水，李昂，等．基于地理信息系统（GIS）的采煤机定位定姿技术研究[J]．煤炭学报，2015，40（11）：2503-2508.

[40] BARCZAK T M. A retrospective assessment of longwall roof support with a focus on challenging accepted roof support concepts and design premises [C]. Proceedings of the 25th international conference on ground control in mining, Morgantown, WV. 2006: 232-243.

[41] BARCZAK T M. An overview of standing roof support practices and developments in the United States [C]. Proceedings of the Third South African Rock Engineering Symposium, Johannesburg, Republic of South Africa: South African Institute of Mining and Metallurgy. 2005: 301-334.

[42] VERMA A K, DEB D. Numerical analysis of an interaction between hydraulic-powered support and surrounding rock strata [J]. International Journal of Geomechanics, 2013, 13 (2): 181-192.

[43] GONZÁLEZ-NICIEZA C, MENÉNDEZ-DÍAZ A, ÁLVAREZ-VIGIL A E, et al. Analysis of support by hydraulic props in a longwall working [J]. International Journal of Coal Geology, 2008, 74 (1): 67-92.

[44] TORAÑO J, DIEGO I, MENÉNDEZ M, et al. A finite element method (FEM) -Fuzzy logic (Soft Computing) -virtual reality model approach in a coalface longwall mining simulation [J]. Automation in Construction, 2008, 17 (4): 413-424.

[45] JUÁREZ-FERRERAS R, GONZÁLEZ-NICIEZA C, MENÉNDEZ-DÍAZ A, et al. Measurement and analysis of the roof pressure on hydraulic props in longwall [J]. International Journal of Coal Geology, 2008, 75 (1): 49-62.

[46] JUÁREZ-FERRERAS R, GONZÁLEZ-NICIEZA C, MENÉNDEZ-DÍAZ A, et al. Forensic analysis of hydraulic props in longwall workings [J]. Engineering Failure Analysis, 2009, 16 (7): 2357-2370.

[47] 白亚腾，孙彦景，孙建光，等．基于无线传感器网络的液压支架压力监测系统设计[J]．煤炭科学技术，2014，40（12）：84-88.

[48] 蔡亮，王晓荣，诸葛云，等．基于 STM32W 的液压支架压力监测系统 [J]．仪表技术与传感器，2014 (6)：96-98.

[49] Yuan Y, Tu S H, Wang F T, et al. Hydraulic support instability mechanism and its control in a fully-mechanized steep coal seam working face with large mining height [J]. Journal of the Southern African Institute of Mining & Metallurgy, 2015, 115 (5): 441-447.

[50] Zhang W, Zhang D S, Zhao Y S. Stability analysis of hydraulic support in large inclined and high mining height coalface [J]. Applied Mechanics & Materials, 2012, 101-102: 1105-1108.

[51] VERMA A K, KISHORE K, CHATTERJEE S. Prediction model of longwall powered support capacity using field monitored data of a longwall panel and uncertainty-based neural network [J]. Geotechnical and Geological Engineering, 2016, 34 (6): 2033-2052.

[52] Liu R, Li J, Xu C, et al. The Application of Mine-used Hydraulic Support Pressure Monitoring System in Fully Mechanized Coal Face [J]. Safety in Coal Mines, 2012 (6): 21.

[53] SPEARING A J S, Hyett A. In situ monitoring of primary roofbolts at underground coal mines in the USA [J]. Journal of the Southern African Institute of Mining & Metallurgy, 2014, 114 (10): 791-800.

[54] Xue. Z. The application of computer monitoring system for hydraulic support in full mechanized coal faces on super high seam [J]. Sci-Tech Information Development & Economy, 2010, 34: 95.

[55] VENKATA RAMAYYA M S, SUDHAKAR L. Selection of powered roof support for weak coal roof [J]. Journal of mines, metals and fuels, 2002, 50 (4): 114-117.

[56] KASHYAP S K, SINHA A. Innovation in standing support for underground mines-an introduction [J]. Journal of Mines, Metals & Fuels, 2014, 62 (4): 85-87.

[57] 陆庭锴，马鹏宇，冯卓照，等．液压支架姿态动态监测与控制系统设计 [J]．煤炭科学技术，2014 (S1)：169-170.

[58] 文治国，侯刚，王彪谋，等．两柱掩护式液压支架姿态监测技术研究 [J]．煤矿开采，2015，20 (4)：49-51.

[59] 林福严，苗长青．支撑掩护式液压支架运动位姿解算 [J]．煤炭科学技术，2011，39 (4)：97-100.

[60] 陈冬方，李首滨．基于液压支架倾角的采煤高度测量方法 [J]．煤炭学报，2016，41 (3)：788-793.

[61] Yan H, Su F, Cheng Z, et al. A study on the remote monitoring system of hydraulic support based on 3DVR [C] // International Conference on Audio Language and Image Processing. IEEE, 2010: 912-915.

[62] 闫海峰．液压支架虚拟监控关键技术研究 [D]．徐州：中国矿业大学，2011.

[63] 朱殿瑞，廉自生，贺志凯．掩护式液压支架姿态分析 [J]．矿山机械，2012，40 (3)：

16-19.

[64] 于月森，伍小杰，左东升，等．基于多传感器数据融合的液压支架姿态检测装置：CN202250113U［P］．2012-02-01.

[65] 姜文峰，李首滨，牛剑峰，等．一种基于无线三维陀螺仪技术的刮板运输机姿态控制系统和控制方法：CN 102431784 A［P］．2012-05-02.

[66] 张智喆，王世博，张博渊，等．基于采煤机运动轨迹的刮板输送机布置形态检测研究［J］．煤炭学报，2015，40（11）：2514-2521.

[67] 武培林，牛乃平．刮板机转角与工作面状态关系的研究与分析［J］．电子世界，2012（16）：98-99.

[68] 毛君，师建国，张东升，等．重型刮板输送机动力建模与仿真［J］．煤炭学报，2008，33（1）：103-106.

[69] 王学文，王淑平，龙日升，等．重型刮板输送机链传动系统负荷启动刚柔耦合接触动力学特性分析［J］．振动与冲击，2016，35（11）：34-40.

[70] 李晓豁，刘霞，焦丽，等．不同工况下滑行式刨煤机的动态仿真研究［J］．煤炭学报，2010（7）：1202-1206.

[71] 焦宏章，杨兆建，王淑平．刮板输送机链轮传动系统接触动力学仿真分析［J］．煤炭学报，2012，37（S2）：494-498.

[72] STOICUTA O，PANA T，MANDRESCU C. The control system analysis of the coal flow on the scrapers conveyor in a longwall mining system［C］. International Conference on Applied and Theoretical Electricity，2016：1-10.

[73] ORDIN A A，METEL'KOV A A. Analysis of longwall face output in screw-type cutter loader and scraper conveyor system in underground mining of flat-lying coal beds［J］. Journal of Mining Science，2015，51（6）：1173-1179.

[74] DOLIPSKI M，CHELUSZKA P，REMIORZ E，et al. Follow-up chain tension in an armoured face conveyor［J］. Archives of Mining Sciences，2015，60（1）：25-38.

[75] Chen H，Wang R. Study on wear of scraper conveyor chute［C］. International Conference on Intelligent Systems Research and Mechatronics Engineering（ISRME），Zhengzhou，People's Republic of China，2015.

[76] AGNEW J M，LANDRY H，PIRON E. Technical note：performances of conveying systems for manure spreaders and effects of hopper geometry on output flow［J］. Applied Engineering in Agriculture，2005，21（2）：159-166.

[77] 廖昕，张建润，冯涛，等．采煤机中部槽极限工况下强度非线性分析［J］．东南大学学报：自然科学版，2014，44（3）：531-537.

[78] 郄彦辉，刘品强，刘波，等．刮板输送机弯曲平移时运动及载荷应力分析［J］．煤矿机械，2009，30（6）：93-95.

[79] 刘克铭，徐广明．刮板输送机横向推移弯曲段力学模型［J］．黑龙江科技学院学报，

2009，19（1）：61-63.

[80] 白晓辉，任中全，刘海燕．刮板输送机中部槽弯曲角度设计计算［J］．煤矿机械，2011（6）：21-22.

[81] 余以道，赵彤．刮板输送机链条弯曲运行附加阻力的计算［J］．湘潭矿业学院学报，1995（2）：38-42.

[82] 任中全，杨济浓．基于 Matlab 的中部槽弯曲角度的计算［J］．煤矿机械，2012，33（10）：12-13.

[83] 郝勇，于鸿斐，刘征，等．刮板输送机中部槽力学计算与分析［J］．煤炭科学技术，2014（11）：67-72.

[84] SZEWERDA K，WIDER J，HERBU K. Analysis of impact of longitudinal inclination of a chain conveyor on dynamical phenomena during operation［C］. MATEC Web of Conferences. EDP Sciences，2017，94：1-10.

[85] YAO Y，KOU Z，MENG W，et al. Overall performance evaluation of tubular scraper conveyors using a TOPSIS-Based multiattribute Decision-Making method［J］. The Scientific World Journal，Acticle ID：753080，2014：1-6.

[86] 姜学云．回采面刮板输送机弯曲段长度的计算［J］．煤炭科学技术，1985（10）：17-19.

[87] 王鹰．连续输送机械设计手册［M］．北京：中国铁道出版社，2001.

[88] KIZIL M S. Virtual reality applications in australian minerals industry［C］// APCOM 2003. The South African Institute of Mining and Metallurgy，2003：569-574.

[89] TICHON J，BURGESSLIMERICK R. A review of virtual reality as a medium for safety related training in mining［J］. Journal of Health & Safety Research & Practice，2011，3（1）：33-40.

[90] PEREZ P，PEDRAM S，DOWCET B. Impact of virtual training on safety and productivity in the mining industry［C］. 2013，In：Conference：MODSIM 2013，Adelaid.

[91] PEDRAM S，PEREZ P，DOWSETT B. Assessing The impact of virtual reality-based training on health and safety issues in the mining industry［C］. ISNGI2013-International Symposium for Next Generation Infrastructure. 2013.

[92] PEDRAM S，PEREZ P，PALMISANO S. Evaluating the influence of virtual reality-based training on workers' competencies in themining industry［C］. 13th International Conference on Modeling and Applied Simulation，Red Hook，New York，United States：Curran. MAS 2014（pp. 60-64）.

[93] STOTHARD P，SQUELCH A，VAN WYK E，et al. Taxonomy of interactive computer-based visualisation systems and content for the mining industry：Part one［C］. First International Future Mining Conference and Exhibition 2008，Proceedings. Australasian Institute of Mining & Metallurgy，2008（10）：201-210.

[94] KERRIDGE A P，KIZIL M S，HOWARTH D F. Use of virtual reality in mining education

[C]. The AusIMM Young Leader's Conference. The Australasian Institute of Mining and Metallurgy, 2003: 1-5.

[95] GRABOWSKI A, JANKOWSKI J. Virtual reality-based pilot training for underground coal miners [J]. Safety Science, 2015, 72 (72): 310-314.

[96] FOSTER P, BURTON A. Virtual reality in improving mining ergonomics [J]. Journal of South African Institute of Mining and Metallurgy, 2004, 104 (2): 129-133.

[97] STOTHARD P, LAURENCE D. Application of a large-screen immersive visualization system to demonstrate sustainable mining practices principles [J]. Transactions of the Institution of Mining & Metallurgy, 2014 (23): 199-206.

[98] STOTHARD P. The feasibility of applying virtual reality simulation to the coal mining operations [J]. Australasian Institute of Mining and Metallurgy Publication Series, 2003 (5): 175 ~ 183.

[99] FOSTER P J, BURTON A. Modelling potential sightline improvements to underground mining vehicles using virtual reality [J]. Transactions of the Institution of Mining & Metallurgy, 2013 (115): 85-90.

[100] Zhang S X. Augmented reality on longwall face for unmanned mining [J]. Applied Mechanics & Materials, 2010, 40-41 (6): 388-391.

[101] AKKOYUN O, CAREDDU N. Mine simulation for educational purposes: A case study [J]. Computer Applications in Engineering Education, 2015, 23 (2): 286-293.

[102] KIJONKA M, KODYM O. Coal industry technologies simulation with virtual reality utilization [C]. Carpathian Control Conference. IEEE, 2012: 278-283.

[103] Zhang X, An W, Li J. Design and application of virtual reality system in fully mechanized mining face [J]. Procedia Engineering, 2011, 26 (4): 2165-2172.

[104] Wan L R, Gao L, Liu Z H, et al. The application of virtual reality technology in mechanized mining face [J]. Advances in Intelligent Systems & Computing, 2013, 181: 1055-1061.

[105] TORAÑO J, DIEGO I, MENÉNDEZ M, et al. A finite element method (FEM) -Fuzzy logic (Soft Computing) -virtual reality model approach in a coalface longwall mining simulation [J]. Automation in Construction, 2008, 17 (4): 413-424.

[106] 孙海波. 采煤机3DVR数字化信息平台关键技术研究 [D]. 徐州: 中国矿业大学, 2009.

[107] Zhang X, An W, Li J. Design and application of virtual reality system in fully mechanized mining face [J]. Procedia Engineering, 2011, 26 (4): 2165-2172.

[108] Li A, Zheng X, Wang W. Motion simulation of hydraulic support based on Unity 3D [C]. First International Conference on Information Sciences, Machinery, Materials and Energy. Atlantis Press, 2015.

[109] STOTHARD P, SQUELCH A, STONE R, et al. Taxonomy of interactive computer-based visualisation systems and content for the mining industry-part 2 [J]. Mining Technology,

2015, 124 (2): 83-96.

[110] 李旺年. 基于虚拟现实技术的综采“三机”联动过程仿真 [D]. 西安: 西安科技大学, 2014.

[111] 徐雪战. 基于三维可视化与虚拟仿真技术的综采工作面生产仿真研究 [D]. 淮南: 安徽理工大学, 2015.

[112] Wan L, Gao L, Liu Z, et al. The Application of virtual reality technology in mechanized mining face [J]. Advances in Intelligent Systems & Computing, 2013, 181: 1055-1061.

[113] Tang S, Wei C. Design of monitoring system for hydraulic support based on labVIEW [J]. Advanced Materials Research, 2014, 989: 2758-2760.

[114] 李建忠, 陈鸿章, 隋刚. 基于虚拟现实的综采工作面仿真系统研究 [J]. 系统仿真学报, 2007, 19 (18): 4164-4167.

[115] 倪文峰, 王忠宾, 李舒斌, 等. 基于虚拟机的采煤机远程监控平台关键技术 [J]. 煤炭科学技术, 2009, 37 (2): 76-78 +81.

[116] 王长平, 张志强, 张晓强. 基于 Virtools 以及 WinCC 的采煤机远程监控平台构建 [J]. 煤矿机械, 2009, 30 (12): 202-204.

[117] 刘军, 王忠宾, 牛可, 等. 采煤机远程监控系统关键技术研究 [J]. 煤炭科学技术, 2010, 38 (06): 67-69 +91.

[118] 周广新, 李威, 张丽平. 基于 3D-VR 的煤矿综采面液压支架虚拟系统的研究 [J]. 矿山机械, 2010, 38 (11): 13-15.

[119] 李升, 赵金升, 韩伟, 等. 基于 3DVR 的综采工作面虚拟现实关键技术研究 [J]. 数字技术与应用, 2017 (5): 100-100.

[120] 徐志鹏, 王忠宾, 李辉. 采煤机远程监控关键技术的研究 [J]. 内江科技, 2011, (5): 113-153.

[121] 李锦彪, 陈宝峰. 基于 Virtools 的液压支架监测数据与模型整合 [J]. 煤矿机械, 2014, 35 (9): 246-248.

[122] Xu Z, Wang Z. Research on the technology of shearer 3DVR remote monitoring based on multi-sensor fusion [C]. International Conference on Information Science & Engineering. IEEE, 2009: 1411-1413.

[123] Sun H B, Duan X, Yao X G, et al. Study on three dimensional digital information platform for remote control and monitoring system of shearer [C]. Advanced Materials Research. Trans Tech Publications, 2010, 108: 586-591.

[124] Sun H B, Duan X, Yao X G, et al. Study on three dimensional digital information platform for remote control and monitoring system of shearer [C]. Progress in Measurement and Testing—proceedings of 2010 International Conference on Advanced Measurement and Test. 2010: 586-591.

[125] 张文磊, 郑晓雯, 陈宝峰, 等. 基于虚拟现实的液压支架工作状态研究 [J]. 煤矿机械, 2012, 33 (10): 72-74.

[126] 朱杰，温喆，范亚斌．基于虚拟现实网络的液压支架系统分析［J］．煤矿机械，2013，34（8）：278-280.

[127] 陈占营，郑晓雯，张文磊，等．液压支架工作状态的虚拟现实研究［J］．机电产品开发与创新，2013，26（6）：83-84.

[128] 陈占营，郑晓雯，陈静珊等．基于虚拟现实的液压支架监测系统研究［J］．煤矿机械，2015，36（9）：88-90.

[129] 闫海艇，高淑娟，洪玉玲．基于Unity的虚拟现实技术在井下仿真中的应用［J］．煤矿安全，2013，44（8）：99-101.

[130] 安葳鹏，孟卫娟，屈星龙．基于虚拟现实的煤矿大型设备培训系统研究［J］．测控技术，2016，35（10）：105-108.

[131] 李阿乐，郑晓雯，辛海林，等．基于Unity 3D的液压支架运动仿真系统研究［J］．机电产品开发与创新，2014，27（5）：79-81.

[132] 翟东寒，郑晓雯，杜少庆，等．基于Unity 3D的综采工作面仿真系统研究［J］．机电产品开发与创新，2014，27（4）：75-76.

[133] 李阿乐，郑晓雯，陈雪婷，等．基于人机交互的液压支架运动状态仿真研究［J］．机电产品开发与创新，2015，28（5）：72-74.

[134] 崔科飞，崔建民．虚拟仿真技术在监控无人综采工作面的应用［J］．煤矿机电，2014，（3）：114-116.

[135] 李昊，陈凯，张晞，等．综采工作面虚拟现实监控系统设计［J］．工矿自动化，2016，42（4）：15-18.

[136] 李阿乐，郑晓雯，唐析．虚拟综采工作面三机运动状态监测系统研究［J］．煤矿机械，2016，37（8）：41-44.

[137] 吴海雁，王天龙，张旭辉，等．基于Quest 3D和PLC的采煤机远程监控系统［J］．工矿自动化，2015，41（11）：14-17.

[138] 张登攀，田振华，王东升．综采工作面三维在线监测系统研究［J］．河南理工大学学报（自然科学版），2017，36（1）：97-102.

[139] 牛剑峰．综采液压支架跟机自动化智能化控制系统研究［J］．煤炭科学技术，2015，43（12）：85-91.

[140] 葛世荣，王忠宾，王世博．互联网+采煤机智能化关键技术研究［J］．煤炭科学技术，2016，44（7）：1-9.

[141] 王金华，黄乐亭，李首滨，等．综采工作面智能化技术与装备的发展［J］．煤炭学报，2014，39（8）：1418-1423.

[142] 樊启高．综采工作面“三机”控制中设备定位及任务协调研究［D］．徐州：中国矿业大学，2013.

[143] DELP S L, ANDERSON F C, ARNOLD A S, et al. OpenSim: open-source software to create and analyze dynamic simulations of movement [J]. IEEE Transactions on Biomedical

Engineering, 2007, 54 (11): 1940-1950.

[144] FREESE M, SINGH S, OZAKI F, et al. Virtual robot experimentation platform v-rep: a versatile 3D robot simulator [C]. International Conference on Simulation, Modeling, and Programming for Autonomous Robots. Springer, Berlin, Heidelberg, 2010: 51-62.

[145] MCDOWELL P, DARKEN R, SULLIVAN J, et al. Delta3D: a complete open source game and simulation engine for building military training systems [J]. The Journal of Defense Modeling and Simulation, 2006, 3 (3): 143-154.

[146] LEWIS M, WANG J, HUGHES S. USARSim: Simulation for the study of human-robot interaction [J]. Journal of Cognitive Engineering and Decision Making, 2007, 1 (1): 98-120.

[147] KOENIG N, HOWARD A. Design and use paradigms for gazebo, an open-source multi-robot simulator [C]. Intelligent Robots and Systems, 2004. (IROS 2004). Proceedings. 2004 IEEE/RSJ International Conference on. IEEE, 2004 (3): 2149-2154.

[148] LEE W, CHO S, CHU P, et al. Automatic agent generation for IoT-based smart house simulator [J]. Neurocomputing, 2016 (209): 14-24.

[149] BECKER-ASANO, CHRISTIAN. A multi-agent system based on unity 4 for virtual perception and wayfinding [J]. Transportation Research Procedia. 2014 (2): 452-455.

[150] Hu Y, Meng W. ROSUnitySim: Development and experimentation of a real-time simulator for multi-unmanned aerial vehicle local planning [J]. Simulation, 2016, 92 (10): 931-944.

[151] Meng W, Hu Y, Lin J, et al. ROS + unity: An efficient high-fidelity 3D multi-UAV navigation and control simulator in GPS-denied environments [C]. IECON 2015, Conference of the IEEE Industrial Electronics Society IEEE, 2015: 2562-2567.

[152] 谢嘉成, 杨兆建, 王学文, 等. 采掘运装备虚拟装配与仿真系统设计及关键技术研究 [J]. 系统仿真学报, 2015, 27 (4): 794-802.

[153] Li W, Luo C, Yang H, et al. Memory cutting of adjacent coal seams based on a hidden markov model [J]. Arabian Journal of Geosciences, 2014, 7 (12): 5051-5060.

[154] HOLM M, BEITLER S, KAINRE F, et al. The effect of longitudinal inclination in automatic controlled shearer workfaces [J]. International Multidisciplinary Scientific GeoConference: SGEM: Surveying Geology & mining Ecology Management, 2014 (3): 653.

[155] BEITLER S, HOLM M, ARNDT T, et al. State of the art in underground coal mining automation and introduction of a new shield-data-based horizon control approach [J]. International Multidisciplinary Scientific GeoConference: SGEM: Surveying Geology & mining Ecology Management, 2013 (1): 715.

[156] BEITLER S, HOLM M, ARNDT T, et al. A shielddata-based horizon control approach for thin seam coal mining utilizing plow technology [C]. Proceedings of the 30th International Symposium on Automation and Robotics in Construction and Mining IS ARC. Montreal, Canada. 2013: 955-962.

[157] RALSTON J C, REID D C, DUNN M T, et al. Longwall automation: Delivering enabling technology to achieve safer and more productive underground mining [J]. International Journal of Mining Science and Technology, 2015, 25 (6): 865-876.

[158] ISLAVATH S R, DEB D, KUMAR H. Numerical analysis of a longwall mining cycle and development of a composite longwall index [J]. International Journal of Rock Mechanics & Mining Sciences, 2016 (89): 43-54.

[159] FRITH R C, STEWART A M, PRICE D. Australian longwall geomechanics—a recent study [C]. 11th international conference ground control in mining, Wollongong, 1992.

[160] MATSUI K, SHIMADA H. Roof Instability of longwall face at ikeshima colliery [C]. Proceedings of International Conference on Ground Control in Mining. Department of Mining Engineering, College of Mineral and Energy Resources, West Virginia University, 16: 92.

[161] 周斌，王忠宾. 灰色系统理论在采煤机记忆截割技术中的应用 [J]. 煤炭科学技术, 2011, 39 (3): 74-76.

[162] Geng Y S, Du X W. The research of improved grey-markov algorithm [M] // Electrical Engineering and Control. Springer Berlin Heidelberg, 2011: 109-116.

[163] 樊启高，李威，王禹桥，等. 一种采用灰色马尔科夫组合模型的采煤机记忆截割算法 [J]. 中南大学学报 (自然科学版), 2011, 42 (10): 3054-3058.

[164] AIAA. The digital twin paradigm for future NASA and U. S. air force vehicles [C]. Aiaa/asme/asce/ahs/asc Structures, Structural Dynamics and Materials Conference, Aiaa/asme/ahs Adaptive Structures Conference, Aiaa. 2012.

[165] Tao F, Cheng J, Qi Q, et al. Digital twin-driven product design, manufacturing and service with big data [J]. International Journal of Advanced Manufacturing Technology, 2017 (4): 1-14.

[166] TUEGEL E J, INGRAFFEA A R, EASON T G, et al. Reengineering aircraft structural life prediction using a digital twin [J]. International Journal of Aerospace Engineering, 2011, 1687-5966.

[167] HOCHHALTER J D. On the effects of modeling as-manufactured geometry: toward digital twin [J]. International Journal of Aerospace Engineering, 2014 (2014): 1-10. Article ID 439278.

[168] GRIEVES M. Digital twin: Manufacturing excellence through virtual factory replication [J]. White paper, 2014.

[169] Tao F, Zhang M, Cheng J, et al. Digital twin workshop: a new paradigm for future workshop [J]. Computer Integrated Manufacturing Systems, 2017, 23 (1): 1-9.

[170] THOMAS H J UHLEMANN, CHRISTIAN LEHMANN, ROLF STEINHILPER. The digital twin: realizing the cyber-physical production system for industry 4. 0 [J]. Procedia Cirp, 2017 (61): 335-340.

[171] ALAM K M, SADDIK A E. C2PS: A digital twin architecture reference model for the cloud-Based cyber-physical systems [J]. IEEE Access, 2017, 5 (99): 2050-2062.

[172] LI C, MAHADEVAN S, LING Y, et al. Dynamic bayesian network for aircraft wing health monitoring digital twin [J]. Aiaa Journal, 2017, 55 (3): 1-12.

[173] MAGARGLE R, JOHNSON L, MANDLOI P, et al. A simulation-based digital twin for model-driven health monitoring and predictive maintenance of an automotive braking system [C]. The, International Modelica Conference, Prague, Czech Republic, May. 2017: 35-46.

[174] RENZI D, MANIAR D, MCNEILL S, et al. Developing a digital twin for floating production systems integrity management [C]. Offshore Technology Conference, OTC Brasil. 2017.

[175] UHLEMANN H J, SCHOCK C, LEHMANN C, et al. The digital twin: demonstrating the potential of real time data acquisition in production systems [J]. Procedia Manufacturing, 2017 (9): 113-120.

[176] ZAKRAJSEK A J, MALL S. The development and use of a digital twin model for tire touchdown health monitoring [C]. Aiaa/asce/ahs/asc Structures, Structural Dynamics, and Materials Conference. 2017.

[177] 姜学云. 综采面输送机额定恒负荷运行法 [J]. 煤炭学报, 1989 (1): 82-89.